数字空间 SNARC 效应的视觉空间与言语空间双编码机制研究

李梦霞 著

图书在版编目（CIP）数据

数字空间SNARC效应的视觉空间与言语空间双编码机制研究 / 李梦霞著. -- 北京：中国原子能出版社，2022.5

ISBN 978-7-5221-1932-8

Ⅰ. ①数… Ⅱ. ①李… Ⅲ. ①编码理论－研究 Ⅳ. ①O157.4

中国版本图书馆CIP数据核字(2022)第066464号

内容简介

数字在大脑中以空间方式进行编码已是学界共识。数字－空间编码的SNARC效应是近年来数字认知研究的热门领域。本著作以“数字认知的层级理论”为研究框架，对SNARC效应的视觉－空间与言语－空间双编码机制进行研究。研究目的在于检验基础性数字认知层次、具身性数字认知层次、情境性数字认知层次三个数字认知层次中SNARC效应的视觉－空间与言语－空间双编码的解释机制。具体可分解为六个子问题，即SNARC效应的视觉－空间与言语－空间双编码的空间方向依赖问题、空间极性依赖问题、数字符号依赖问题、阅读文化依赖问题、空间参照依赖问题和任务依赖问题等。

数字空间SNARC效应的视觉空间与言语空间双编码机制研究

出版发行　中国原子能出版社（北京市海淀区阜成路43号　100048）
责任编辑　王齐飞
装帧设计　河北优盛文化传播有限公司
责任印制　赵　明
印　　刷　河北文盛印刷有限公司
开　　本　710 mm×1000 mm　1/16
印　　张　11.25
字　　数　175千字
版　　次　2022年5月第1版　　2022年6月第1次印刷
书　　号　ISBN 978-7-5221-1932-8
定　　价　59.00元

前 言
Preface

SNARC效应是数字空间表征的特例，自Dehaene等人（1993）通过系列实验开创性地证实了空间－数字联合编码效应（spatial-numerical association of response codes effect，SNARC效应）以来，吸引了越来越多的学者加入该领域的研究中。越来越多的学者验证了SNARC效应具有普遍性，也有越来越多的学者验证了它具有灵活性和不稳定性。对SNARC效应产生原因的解释，学者也是各执一词。在诸多理论解释中，言语-空间和视觉－空间的双编码解释似乎更为完整和合理。除此之外，当前SNARC效应的研究可以被归纳为基础性数字认知层级、具身性数字认知层级以及情境性数字认知层级三个层级，这就构成了“数字认知的层级理论”。本书以“数字认知的层级理论”为研究框架，对SNARC效应的视觉－空间编码与言语－空间双编码机制进行了研究，以期揭示SNARC效应产生的原因，以及其解释的灵活性机制。

本书得以完成要感谢博士生导师李其维教授给予笔者足够的研究自由，让笔者有机会进入数字认知研究领域，同时感谢编辑老师的辛苦付出。书稿的出版得到了浙江省自然科学基金项目（LY18C090003）的资助，一并表示感谢。

本书的撰写是笔者对自己初步涉猎数字认知领域研究的总结和梳理，因所学有限，不足之处在所难免，恳请学者、专家不吝指正。

李梦霞

浙江湖州

目　录
Contents

第1章

数字－空间编码的研究概述

数字在我们的生活中普遍存在，它的出现是为了满足人类生活过程中计算物体数量的需要。作为一种人类文明的产物，数字不仅为我们提供了一种数量上的信息，还在人类生活中扮演了非常重要的角色。我们每天的生活中无时无刻不在运用数字与周围的环境进行信息传递。对数字信息进行加工和计算的能力是人类非常重要的一项心理能力，因此对数字的认知能力也被认为是人类最重要的认知能力之一。几百年前，只有少数人可以处理精确的数字和完成计算任务。随着人类数字加工能力的发展，数字认知加工方式也越来越受到研究者的关注和重视。数字认知不仅是人类的一种高级认知功能，还对人们认识客观世界有着重要的作用。因此，数字认知作为人类思维的基本组成部分，值得我们不断地对其进行研究和探索。从表面上看，数字认知可能是脱离客体的纯数字符号加工，并不需要任何空间信息的参与，但诸多事实都表明了数字和空间之间存在着紧密的联系。例如，在学校教育中发现，那些数学成绩相对优异的学生往往都具有相对较好的空间能力，这一空间能力具体表现为空间思维能力和空间想象能力。另外，多位著名的数学家都曾经在不同的场合表达过视觉的空间表象对他们的数学思维能力可以起到一定的促进作用。这些事实似乎都意味着数字的加工和编码方式可能与空间信息的加工和编码方式之间有着某种关联。

直到1980年，Galton在*Nature*上发表了关于数字具有空间特性的文章，从科学的角度首次明确提出了数字的加工和编码方式与空间编码之间存在着某种特殊的联系。甚至有来自不同研究的证据显示，人类先天拥有联合数字与空间的能力（de Hevia and Spelke，2010；Pinel et al.，2004）。例如，de Hevia和Spelke（2010）研究发现婴儿可以将增加的点的数量与增加的线段长度联合起来，而不是将其与减少的线段长度联合起来。实际上，涉及数字表征的大脑区域与涉及区分空间维度，如大小、长度的部分重叠，意味着数字表征和空间表征共用了相同区域的大脑皮层（Pinell et al.，2004），或者说数字认知和空间表征之间可能具有共同的脑机制（Dehaene，2003；

Feigenson，Dehaene，and Spelke，2004）。在近十几年的时间里，随着认知科学的发展和研究技术、手段的进步，数字认知领域的研究得到了深入的发展，数字认知与空间表征之间关系的研究也得到了越来越多研究者的关注，出现了越来越多的研究成果。

1.1 数字－空间编码的证据：SNARC 效应研究

在关于数字与空间表征在空间方向上的联合方式的研究中，高水平的认知能力通常建立在更基础的感知－运动之上（Dehaene and Cohen，2007）的观点得到了许多研究者的认可。这一现象在数字认知领域的代表就是抽象的数字表征是建立在具象的外在空间之上的（Hubbard et al.，2005）。众多研究证据也证实了对抽象数字的加工可以自动地激活它的空间编码（Dehaene，Bossini，and Giraux，1993；Dehaene，Dupoux，and Mehler，1990；Hubbard et al.，2005）。数字认知与空间的联合方式会受到人类文化的影响，也就是说不同文化背景中的个人对数字的空间表征方式会受到已有阅读和书写习惯的影响。例如，以西方主流文化为主的阅读和书写习惯是自左向右的方向。Moyer 和 Landauer（1967）使用了简单的大小分类任务对西方主流阅读和书写文化背景下的被试进行研究，即要求被试对同时呈现的两个数字进行大小判断，并指出相对较大的那个数字。结果发现了数字与空间表征关联的两个基本的效应：距离效应和大小效应。距离效应是指两个同时呈现的数字之间相差越大时，判断并选择较大数字所用的反应时（RT）越短；大小效应是指当两组分别同时呈现的两个数字之间距离相同时（如 1 和 2、8 和 9），需要判断和比较的数字组越大，反应时（RT）相对越长。根据数字认知中的距离效应和大小效应研究，人们得出了人类对数字认知的表征方式是基于心理数字线（metal number line，MNL）的观点（Restle，1970）。根据心理数字线隐喻，大脑表征数字的距离的方式和在物理空间上表示距离的方式一样，对在大小上接近的数字的表征方式如同物理空间上的重叠方式。

最早的数字线图解可能要追溯到 17 世纪末（Nunez，2011），但是它被人们所熟知可能还要归功于Galton的研究（1880a，1880b）。Galton指出，与他同时代的人们大部分以数字线的方式表征数字，这种方式目前仍是一种比较常用的数字表征的方式（Sagiv et al.，2006）。心理数字线隐喻受到重视是因为Dehaene、Bossini和Giraux（1993）的研究。Dehaene等人的研究发现，当要求被试对个位数进行奇偶判断时，发现被试对相对较小的数字（如1或者2）用左手反应快，对相对较大的数字（如8或者9）用右手反应快。根据Dehaene等人的观点，这一趋势意味着存在一种空间－数字的反应编码联合（the Spatial–Numerical Association of Response Codes）效应，即SNARC效应。SNARC效应是指个体在看到相对小的数字和相对大的数字时，其动作反应会引起内在的空间反应偏好。在反应时实验中发现，右手对相对大的数字的反应快，左手对相对小的数字的反应快。Dehaene等人认为，SNARC效应反映了大脑中存在着小数字位于左侧，大数字位于右侧的一条自左向右方向的心理数字线。SNARC效应是数字在心理数字线上的位置表征和空间位置反应一致性的结果。

1.2　数字－空间编码的证据：数字线估计研究

数字与空间关系的研究的另一个小的领域集中在数字空间表征模式领域。测量数字空间表征模式的经典方法如下：给被试呈现一个带有两个端点（如0～100）的线段，让被试画出某个数字（如68）在数字线上的位置。儿童最初仅是凭直觉将数字和空间表征联合，他们没有将数字线以精确的线性方式表征，更多是以不精确的对数方式进行表征的。随着年龄的增长，他们对数字线的表征越来越倾向精确的线性方式。诸多研究（Booth and Siegler，2006；Siegler and Booth，2004；Siegler and Opfer，2003）表明，年幼的儿童对数字的直觉表征是对数形式的，即将数字对应在心理数字线段上时，小数字之间的间距大于大数字之间的间距。Barth和Paladino（2011）认为，所有年龄的个体在估计数字在心理线上的位置时，均使用一个相同的比例策略，年龄稍大的儿童使用了更接近线性的策略，这是因为他们拥有了更准确的数字线端点知识。虽然目前对心理数字线的线性转变机制的解释仍存在争论，但研究者共同认可的是随着年龄的增长及数字经验的积累，个体的数字空间表征会由不精确的对数表征向精确的线性表征转变。当儿童发展出线性数字表征的时候，他们并没有丢失对数表征；在不熟悉的情景中，如表征更大的数字时，儿童仍使用对数表征（Thompson and Siegler，2010），并且数字的线性空间表征仅在使用阿拉伯数字时使用。即使是受过教育的成人也不能对非符号的数字（如点矩阵）进行线性表征，而只能进行对数表征（Dehaene et al.，2008）。Siegler 和 Booth（2004）的研究发现，一年级儿童的 1 ～ 10 的数字空间表征是线性的，对 0 ～ 100 的数字空间表征是对数的。大部分二年级儿童对 0 ～ 100 的数字空间表征变为线性的，但是对 0 ～ 1 000 的数字空间表征仍是对数的。对 0 ～ 1 000 的数字空间表征，大部分儿童直到小学四年级才变为线性表征。国内的相关研究（周广东、莫雷、温红博，2009）表明，我国儿童数字估计的发展模式与上述 Siegler 和 Booth（2004）、Booth 和 Siegler（2006）以及 Siegler 和 Opfer（2003）的研究结果相似，并且我国儿童对数字的线性表征的出现要早于美国儿童。

第2章

SNARC效应研究综述

关于SNARC效应的开创性研究最初是由Dehaene、Dupoux和Mehler在1990年开展的研究。Dehaene、Dupoux和Mehle以65为标准刺激，采用大小判断任务，要求被试对呈现的目标刺激与标准刺激进行大小判断。为了消除左、右侧按键反应带来的系统误差，实验对左、右侧按键反应进行了组间平衡。其中，对一组被试要求如下：若目标刺激大于标准刺激，则按左侧键进行反应；若目标刺激小于标准刺激，则按右侧按键进行反应。另一组被试相反，即若目标刺激大于标准刺激，则按右侧按键进行反应；若目标刺激小于标准刺激，则按左侧按键进行反应。结果发现，被试对大数字进行右侧按键反应的反应时快于左侧按键反应的反应时；相反，对小数字进行左侧按键反应的反应时快于右侧按键反应的反应时。

对SNARC效应的最有影响力、最广为引用的研究是Dehaene、Bossini和Giraux（1993）的研究。该研究通过系列实验进一步论证了SNARC效应的普遍性。该研究采用奇偶判断任务同样发现了SNARC效应。也就是说，当要求被试对所呈现数字的奇偶性进行判断时，即使反应任务与数字大小无关，但仍表现出对相对较大的数字（如8，9）按右侧按键反应的反应时快于左侧按键反应的反应时；相反，对相对较小的数字（如1，2）按左侧按键反应的反应时快于右侧按键反应的反应时。可见，虽然采用了奇偶判断任务，对目标刺激的反应与目标刺激本身数量的大小无关，但这些目标刺激数字仍然自动激活了其空间属性。Dehaene等人还发现，目标刺激无论是个位数，还是两位数，无论是正常顺序放置的双手反应，还是双手水平交叉进行的反应，均出现了SNARC效应。

2.1　SNARC效应的普遍性研究

自Dehaene等人（1993）发现SNARC效应以来，研究者在其他的实验范式和目标刺激形式中均发现了SNARC效应，这说明SNARC效应具有一定的跨实验范式和刺激形式的稳定性（何清华、李鹤、董奇，2008）。Wood等人（2008）通过元分析的方法对之前公开发表的关于SNARC效应的46项研究、106个实验，共2 206个实验被试进行了分类梳理。结果发现，在不同刺激材料和不同研究领域中SNARC效应普遍存在。

2.1.1 不同刺激材料中SNARC效应的普遍性

SNARC效应的出现不再局限在以阿拉伯数字形式为材料的研究中，对其他的数字形式以及非数字形式的符号开展的研究也证实了SNARC效应的存在。

Nuerk、Wood和Willmes（2005）分别使用阿拉伯数字、德语言语数字、德语听觉数字和骰子点数四种形式的0～9的数字和非数字形式的符号进行研究，结果发现，无论视觉形式的数字还是听觉形式的数字，无论在数字形式的符号还是非数字形式的符号中，均出现了SNARC效应。在中文数字符号条件下，同样会出现SNARC效应；无论是使用中文简体数字为刺激材料（刘超、买小琴、傅小兰，2004），还是使用中文繁体数字为刺激材料（潘运、沈德立、王杰，2009），均出现了SNARC效应。Calabria和Rossetti（2005）使用英文数字符号作为刺激材料，同样出现了SNARC效应。其他以不同形式的数字符号为刺激材料的研究（如Nuerk et al.，2004）同样证明了SNARC效应普遍存在于不同形式的数字符号中。

除了以个位数阿拉伯数字为刺激材料外，研究者也对以两位数及多位数阿拉伯数字为刺激材料的SNARC效应进行研究。针对两位数阿拉伯数字的不同研究，虽然有些研究之间采用的研究方法或者研究手段各不相同，但其结果一致认为两位阿拉伯数中也存在与一位阿拉伯数字一样的SNARC效应。例如，Brysbaert等人（1995）向被试呈现11～99的任意两个两位数，并要求被试判断所呈现的目标数字的相对大小，结果同样发现被试对相对小的数字左手反应快，对相对大的数字右手反应快。Reynvoet和Brysbaert（1999）采用启动范式进行研究，他们先向被试呈现数字作为启动数字，然后呈现目标数字，要求被试对目标数字进行奇偶判断或者命名，结果发现，在以两位数为刺激材料的实验中，仍然表现出左手对相对小的数字反应快、右手对相对大的数字反应快的趋势。Tan 和 Dixon（2011）采用快速呈现刺激分类任务进行研究。也就是说，他们要求被试对随机呈现的两位数进行奇偶判断，结果发现，对两位数刺激材料而言，同样表现出左手对小数字反应快、右手对大数字反应快的趋势。这说明两位数也表现出与个位数相同的 SNARC 效应。Nuerk 等人（2011）综述了以往开展的以多位数阿拉伯数字为刺激材料的研究，同样证实了 SNARC 效应的存在。

除了两位阿拉伯数字外，研究者也在以负数为刺激材料的研究中发现了 SNARC 效应。Fischer 和 Rottmann（2005）以负数为刺激材料，采用奇偶判断任务，实验要求被试判断随机呈现的刺激数字是奇数还是偶数，然后做出按键反应。结果出现了反转的 SNARC 效应，即对负数而言，被试左手对大数字反应快，右手对小数字反应快。也就是说，被试对负数表征的心理数字线虽然不能延伸到 0 的左侧，但是被试对负数的表征是按照它的绝对值表征在以 0 为左侧起点，绝对值大的数字在右侧的，自左向右的心理数字线上的。高在峰等人（2009）使用负数作为刺激材料，采用大小判断任务进行研究。他们要求被试判断随机呈现的数字是大于正 5 或负 5，还是小于正 5 或负 5。结果同样发现，对于负数而言，出现了反转的 SNARC 效应。这是因为被试对负数的认知加工很有可能是按照它的绝对值大小在心理数字线上的位置进行表征的。其具体表现如下：绝对值相对小的负数表征在心理数字线的偏左侧位置，绝对值相对大的负数表征在心理数字线的偏右侧位置。然而，Fischer（2003）采用数字比较任务进行研究，即给被试成对呈现两个数字并要求被试判断哪个数字相对更大。结果发现，当数字对的排列顺序与负数按照其自身数量大小在心理数字线上的空间排列位置一致时，被试反应时相对较快。这似乎说明负数在心理数字线上的位置表征不是按照它的绝对值大小进行表征的，而是可以延伸到刻度 0 的左侧。Shaki 和 Petrusic（2005）同样采用数字大小比较任务进行研究。结果发现，当实验任务中将负数和正数分开呈现时，被试对负数的认知加工似乎是按照负数绝对值的大小在心理数字线上进行表征的；但是当实验任务中将负数和正数混合呈现时，被试表现出左手对负数反应相对更快、右手对正数反应相对更快的趋势。这说明在负数和正数混合呈现的实验条件下，心理数字线可以延伸至刻度0的左侧。不同的研究采用的实验范式各不相同，实验结果反映出的负数与左侧和右侧空间的联合方向也有所不同，也就是说在以负数为刺激材料的实验中，既有反转的SNARC效应产生，也有典型的SNARC效应产生。无论负数与左、右侧空间的联合方向如何，但是均反映出了一个共同的现象，即SNARC效应普遍存在于负数的空间表征中。不同的是，负数在空间表征中数字与空间联合的策略可能是经济、灵活的。当负数与正数混合呈现时，心理数字线需要延伸到刻度0的左侧；但是当单独呈现负数时，不需要将心理数字线延伸到刻度0的左侧，而是采用经济的原则，以负数的绝对值在心理数字线上的位置进行表征。

虽然以分数为刺激材料的SNARC效应研究得出的实验结论没有整数（个位数整数、两位数整数或负数）那样稳定，但是研究者以分数为刺激材料，仍然发现了SNARC效应。Bonato等人（2007）以分数为刺激材料，采用数字比较任务，对分数空间表征的距离效应和SNARC效应进行研究。其中，实验1中的刺激数字分子统一为1、分母为1～9除去5的数字，要求比较分数刺激（如1/2、1/8）与标准刺激（1/5）的相对大小。结果发现，对刺激分数与标准刺激（1/5）比较时，出现了小于1/5的分数与右侧空间相联合、大于1/5的分数与左侧空间相联合的趋势。也就是说，对分数的空间表征为小数字与右侧空间相联合，大数字与左侧空间相联合的反转的SNARC效应。在实验2中，采用了与实验1相同的比较刺激分数，但是比较刺激变为小数的形式（如0.2），同样进行大小比较任务，结果同样出现了反转的SNARC效应。实验3以儿童为实验被试，采用了实验1和实验2相同的实验任务，同样进行大小比较任务，发现在儿童被试中出现了典型的SNARC效应。这可能是因为儿童与成人使用的认知策略不同，导致SNARC效应中数字与空间方位联结的方向不同。实验4分别使用分子是1、分母是1～9不包含5的分数和分母是5、分子是1～9不包含5的分数作为刺激分数，要比较的标准刺激分别为1/5和1，结果发现，使用不同的数字比较策略会得出不同方向的SNARC效应。例如，当要比较的刺激分数是$x/5$时，被试的认知策略是将分子x与1作为参照进行比较；当要比较的是$1/x$时，被试的认知策略是将分母 x 与分母 5 作为参照进行比较。Liu 等人（2013）同样选用了以 1 为分子、以 2 ～ 9 不包含 5 的数字为分母的分数作为刺激分数，要求儿童被试将刺激分数与标准分数（1/5 或者 0.2）进行大小比较。结果发现，当标准刺激是 1/5 时，出现了反转的 SNARC 效应；当标准刺激是 0.2 时，出现了典型的 SNARC 效应。国内学者辛自强和李丹（2013）以图片中阴影部分所占比例来表示分数大小，结果出现了典型的SNARC效应。总之，无论 SNARC 效应中数字与空间联合的方向是否相同，在对分数的空间表征进行的研究中均出现了 SNARC 效应。不同的是，与负数的空间表征策略相似，分数在空间表征中数字与空间联合的策略可能也是经济、灵活的。当比较刺激与标准刺激的分子相同时，被试的表征策略是将分母数字与心理数字线上的空间位置联合进行表征；当比较刺激与标准刺激的分母相同时，被试的表征策略则调整为将分子数字与心理数字线上的空间位置联合进行表征。

SNARC 效应不仅存在于数字符号的空间表征中，也存在于以其他含有数量信息或者顺序信息的符号形式（如字母、月份、星期、音调高低、面积、亮度、系列位置）的空间表征中。Gevers、Reynvoet 和 Fias（2003）分别以月份（实验 1）和字母（实验 2）作为实验材料证实了在含有顺序信息的符号中同样存在 SNARC 效应。实验 1 采用了 8 个荷兰语月份数字符号（1 ～ 4 月以及 9 ～ 12 月），要求被试完成两个条件的实验任务：一个条件实验任务是要求被试判断实验所呈现的月份数字符号是在 7 月份之前还是在 7 月份之后（顺序相关的任务条件）；另一个条件实验任务是要求被试判断所呈现月份数字符号中的最后一个字母是不是字母 R（顺序无关的任务条件）。实验结果表明，在两种实验任务条件下，均出现了典型的 SNARC 效应。也就是说，均出现了被试对小于 7 的月份左手反应相对较快、7 之后的月份右手反应相对较快的趋势。实验 2 采用了 8 个英文字母（E、G、I、L、R、U、W、Y），同样要求被试完成两个条件的实验任务：一个条件的实验任务是要求被试判断所呈现的字母刺激在标准英文字母表中是处于字母 O 之前还是处于字母 O 之后（顺序相关的任务条件）；另一个实验任务是要求被试判断刺激字母是辅音字母还是元音字母（顺序无关的任务条件）。为了排除距离效应的影响，实验选用的字母 E 与 Y、G 与 W、I 与 U 以及 L 与 R 与字母O之间的顺序距离相同。结果表明，在两种条件下，无论月份还是字母，均出现了典型的SNARC效应。Eagleman（2009）同样使用月份作为刺激材料，结果也证实了月份材料中存在SNARC效应。

Gevers、Reynvoet和Fias（2004）研究发现，当使用星期作为刺激材料时，同样出现了与月份一致的典型的SNARC效应。Gevers等人要求被试判断呈现的荷兰语星期（周一、周二、周四、周五）处于周三之前还是周三之后（顺序相关的任务条件），以及判断星期中是否含有字母“R”（顺序无关的任务条件）。为了平衡实验误差，每个被试需要完成两个block的任务：一个block是要求被试对位于星期三之前的星期刺激用左手进行按键反应，对位于星期三之后的星期刺激用右手进行按键反应；另一个block任务要求完全相反，即要求被试对位于星期三之前的星期刺激用右手进行按键反应，对位于星期三之后的星期刺激用左手进行按键反应。结果同样发现，无论在顺序相关的任务条件下还是顺序无关的任务条件下，星期材料中均出现了SNARC效应。

Ishihara等人（2008）采用依次呈现的8个声音作为刺激材料。实验中前7个刺激材料之间以相同的时间间隔呈现，第8个刺激会提前或者延迟215 ms呈现，实验要求被试判断第8个刺激会提前呈现还是会延迟呈现，并做出反应。结果发现，被试左手对提前呈现的刺激做出的反应快于对延迟呈现的刺激做出的反应；右手对延迟呈现的刺激做出的反应快于对提前呈现的刺激做出的反应。Cho等人（2012）以音高不同的纯音为刺激材料，快速呈现刺激任务，结果发现，在纯音中也出现了经典的SNARC效应。Fischer等人（2013）采用双任务实验范式，分别以数字的大小和音调的高低为分类标准，对音符（2，3，4，5，6）进行认知加工研究。结果发现，在数字大小和音调高低比较的任务中，被试对音符的加工均出现了SNARC效应。Previtali等人（2010）发现了系列位置中的SNARC效应。在系列位置学习阶段，他们先让被试按照系列顺序学习并记住一系列表示物体的词或者图片（如苹果或者玫瑰等）及其所在的具体位置。在回忆阶段，要求被试根据学习阶段的系列顺序来判断随机呈现的刺激词或者刺激图片是处于系列位置的相对左侧还是右侧，并做出按键反应。实验结果也出现了SNARC效应。即被试左手对学习阶段位于左侧的词或者图片的反应相对较快，右手对位于系列位置右侧的词或者图片反应相对较快。随后，采用同样的实验程序，要求被试判断所呈现的刺激词或者刺激图片所代表的单词中是不是有字母 R，结果同样出现了 SNARC 效应。

2.1.2 不同研究领域中 SNARC 效应的普遍性

Holmes 等人（2014）进一步把含有数量或者顺序信息的空间表征延伸到情绪领域，他们将不同性别的表情图片按照幸福程度进行排序，并将这些按幸福程度排序的表情图片作为刺激材料，要求被试判断情绪图片中的人物性别。结果发现，随着情绪图片的幸福程度的增加，被试的右手反应加快，即出现了幸福程度的 SNARC 效应。Fumarlola 等人（2014）分别将红色和绿色不同亮度的方块作为刺激材料，要求被试完成两种条件的任务：任务一是要求被试判断所呈现的方块的亮度是否比标准刺激的亮度亮；任务二是要求被试判断所呈现方块的颜色。结果发现，在两个实验任务条件下，被试均出现了左手对相对暗的方块的反应相对快、右手对相对亮的方块反应相对快的趋势。Bull、Marschark 和 Blatto-Vallee（2005）以男性聋童和男性听力正常儿童为被试，采用大小比较任务进行实验。实验要求被试对 1 ～ 9 不包含 5 的数字进行大小比较判断。实验 1 分为两个 block，block 1 要求若刺激数字大于 5，则按压鼠标左键，若刺激数字小于 5，则按压鼠标右键。为了平衡实验误差，block 2 要求与 block 1 相反，即刺激数字大于 5，按压鼠标右键进行反应；刺激数字小于 5，按压鼠标左键进行反应。结果发现，男性聋童和男性听力正常儿童均出现了 SNARC 效应。Schwarz 和 Müller（2006）要求被试使用脚踏板对数字大小进行分类时，也出现了 SNARC 效应。在眼动任务（Schwarz and Keus，2004）、手指数数任务（Gevers et al.，2006）、身体转向运动（Shaki and Fischer，2014）等多种任务形式和不同感觉通道[如触觉（Krause et al.，2013）或听觉刺激（Prpi et al.，2012）]中均出现了 SNARC 效应。

2.2 SNARC 效应的灵活性研究

SNARC 效应并非稳定不变，它具有一定的灵活性和不稳定性。SNARC 效应会受到被试文化因素、空间方向以及实验情境的影响。

2.2.1 文化对 SNARC 效应的影响

Dehaene 等人（1993）对西方主流自左向右阅读和写作文化背景下的法国被试进行奇偶判断任务的研究，结果发现了左手对相对小的数字反应快、右手对相对大的数字反应快的典型的 SNARC 效应。但是，他们使用同样的实验任务对曾经是自右向左阅读和书写文化背景下的伊朗到法国的移民被试进行研究时发现，在移民到法国的时间较长的伊朗移民被试中出现了典型的 SNARC 效应，但是刚移民至法国不久的伊朗被试仅出现了微弱的 SNARC 效应甚至反转的 SNARC 效应（Dehaene，Bossini，and Giarux，1993）。

随后的研究结果同样证明了被试的阅读和写作方向对 SNARC 效应的影响。Zebian（2005）对阿拉伯 – 英语双语被试进行了研究，阿拉伯 – 英语双语被试具有两个方向相反的阅读和书写习惯，阿拉伯语言的阅读和书写习惯是自右向左，而英语的阅读和书写习惯是自左向右。结果发现，以阿拉伯 – 英语双语者为被试的研究出现了弱的反转 SNARC 效应。Shaki、Fischer 和 Petrusic（2009）对比了加拿大被试（他们阅读和书写数字以及文字的习惯均是自左向右）、巴勒斯坦被试（他们阅读和书写数字以及文字的习惯均是自右向左）和以色列被试（他们阅读和书写数字的习惯是自左向右，阅读和书写文字的习惯是自右向左）的 SNARC 效应，结果发现，在加拿大被试群体中出现了典型的 SNARC 效应，在巴勒斯坦被试群体中出现了反转的 SNARC 效应，在以色列被试群体中未出现 SNARC 效应。更有趣的是，Fischer、Shaki 和 Cruise（2009）对比了同一组俄罗斯 – 希伯来双语被试在不同的语言呈现方式下的 SNARC 效应。其中，俄语阅读和写作的习惯是自左向右，而希伯来语阅读和书写的习惯是自右向左。结果发现，当阿拉伯数字在俄语文字中呈现时，出现了典型的 SNARC 效应；当阿拉伯数字在希伯来语文字中呈现时，没有出现 SNARC 效应。以上这些研究都证实了被试的阅读和书写文化对 SNARC 效应的影响。

2.2.2 空间方向对 SNARC 效应的影响

由于个体在水平和垂直方向的感知 – 运动习惯不同，在水平和垂直方向上，相同数字刺激材料的 SNARC 效应的表现也会不同。Hung、Tzeng 和 Wu（2008）在中国台湾地区，以阿拉伯数字、中文简体数字和中文繁体数字为实验材料，采用奇偶判断任务考查了水平和垂直两种不同空间方向条件下的 SNARC 效应。结果发现，使用阿拉伯数字符号出现了水平 SNARC 效应，使用中文简体数字和中文繁体数字均没有出现水平的 SNARC 效应。相反，使用中文简体数字符号出现了垂直的 SNARC 效应，使用阿拉伯数字和中文繁体数字均未出现垂直的 SNARC 效应。对台湾地区被试者而言，他们通常在垂直方向维持了自上而下的阅读和书写习惯。在中文简体数字的垂直 SNARC 效应中，表现出将中文简体汉字数字的小数字与上端联结、大数字与下端联结的趋势。这一数字刺激与反应的空间联结模式与台湾被试的阅读方向一致。

Ito 和 Hatta（2004）以日本人为被试，采用奇偶判断任务，在垂直方向的 SNARC 效应中得出了与日语阅读和书写习惯相反的数字与空间的联结。对日本被试而言，他们通常阅读的是自上而下的文本，但是他们将小数字与下端的反应键相联结，大数字与上端的反应键相联结。但当采用含有言语信息的大小比较任务时，未出现 SNARC 效应。Schwarz 和 Keus（2004）与 Gevers 等人（2006）以西方人为被试，在垂直 SNARC 效应中也得出了小数字与下端的反应相联结、大数字与上端的反应相联结的结果。

对 SNARC 效应水平和垂直方向的联合研究揭示了数字加工在水平和垂直方向上的相对独立性。Shaki 和 Fischer（2012）以在水平方向上的阅读和书写习惯相互矛盾的以色列人为实验被试进行了 SNARC 效应的研究。对以色列被试而言，他们对数字的阅读和书写习惯是自左向右，但对文字的阅读和书写习惯是自右向左。结果发现，即使在水平方向上由于对数字和文字的阅读习惯相互对立，导致没有出现SNARC效应，但是在垂直方向上仍然出现了小数字与上端相联结、大数字与下端相联结的典型SNARC效应。

2.2.3 实验情境对SNARC效应的影响

SNARC效应的数字－空间联合方向会受到实验情境中心理表象的影响。例如，Bachtold等人（1998）采用大小判断任务对不同心理表象条件下的SNARC效应进行了对比研究。实验要求被试对1～11不包含6的数字进行反应。当要求被试把这些数字想象成在直尺上的刻度时，对被试随机呈现刺激数字，并要求被试判断随机呈现的刺激数字代表的刻度在直尺上比6 cm长还是比6 cm短时，出现了典型的SNARC效应。也就是说，在以直尺为心理表象的条件下，被试的左手对小于6的数字反应快，右手对大于6的数字反应快。但是，当要求被试把刺激数字想象成钟表表盘上的时间数字时，同样对被试随机呈现刺激数字，并要求被试判断随机呈现的刺激数字代表的时间是早于6点钟还是晚于6点钟，结果出现了反转的SNARC效应。也就是说，在以钟表表盘为心理表象的条件下，被试左手对大于6的数字反应快，右手对小于6的数字反应快。这是由于在直尺上小于6的数字位于刻度6 cm的左侧，大于6的数字位于刻度6 cm的右侧；相反，在钟表的表盘上，小于6的数字位于时钟6点钟的右侧，大于6的数字位于时钟6点钟的左侧。

Shaki等人（2012）的研究进一步支持了实验情境的变化对SNARC效应的影响。Shaki等人使用6组体积大小相同的动物组图片作为刺激材料。其中，大动物图片和小动物图片各有3组。在实验时，每次随机呈现其中的一组图片，要求被试从所呈现的动物组图片中选出体积相对大或者相对小的动物，同时对同一侧的反应键进行按键反应。结果发现，当要求被试选择体积相对小的动物时，在小动物组，被试对左侧键的按键反应快于对右侧键的按键反应；在大动物组，被试对右侧键的按键反应快于对左侧键的按键反应。当要求被试选择体型相对较大的动物时，在小动物组，被试对右侧键的按键反应快于对左侧键的按键反应；在大动物组，被试对左侧键的按键反应快于对右侧键的按键反应。被试对动物体型大小信息的加工依赖水平方向自左向右的心理表征。当要求被试从动物组中选择体型相对较小的动物时，小动物映射在空间的左侧空间，大动物映射在空间的右侧；当要求被试从动物组中选择体型相对较大的动物时，映射的方向正好相反，即小动物映射在空间的右侧空间，大动物映射在空间的左侧。这种映射方向的差异同样证实了实验情境中实验任务对 SNARC 效应的影响。

乔福强等人（2016）采用奇偶判断任务考查了垂直维度上三种不同情境下的 SNARC 效应。结果发现，当只有序数的情境下，没有出现 SNARC 效应，即被试对小数字的上键反应与下键反应之间不存在统计意义上的差异，对大数字的上键反应与下键反应之间也不存在统计意义上的差异。在楼层情境下，被试对小数字的下键反应相对更快，对大数字的上键反应相对更快；在家谱情境下，被试对小数字的上键反应相对更快，对大数字的下键反应相对更快。这一结果说明在垂直空间维度上数字的空间表征也会受到实验情境的影响。

2.3　SNARC 效应的具身研究

2.3.1 身体姿势对 SNARC 效应的影响

双手的姿势可能会影响 SNARC 效应的数字 – 空间联合的方向。Dehaene 等人（1993）采用奇偶判断任务，但是打破正常的左、右手空间顺序要求被试交叉左右手进行反应，结果仍然出现了典型的 SNARC 效应。也就是说，无论左、右手是否交叉，SNARC 效应似乎是以身体中心为参照的，均表现出身体左侧对小数字反应相对较快、身体右侧对大数字反应相对较快。Wood 等人（2006）复制了 Dehaene 等人 1993 年的研究。这两个研究的不同之处在于，Wood 采用了相对较大的样本（32 人），使用了四种数字符号（阿拉伯数字、文字数字、声音呈现的文字数字和骰子）。研究结果发现，双手交叉后没有出现 SNARC 效应。这是因为双手交叉以后，除了交叉以后的左、右手之外，身体的其他部位都是自左向右的。因此，身体的表征与数字的空间表征一致。而交叉以后的左手和右手需要表征的分别是数字线的右侧和左侧，这时左、右手的表征与数字的空间表征特性是相反的。同时，由于双手交叉以后左、右手的空间表征与除去双手之外的其他身体的空间表征方向是相反的，因此没有出现SNARC效应。

Riello和Rusconi（2011）要求被试分别使用单手（左、右手）手掌向下的姿势和手掌向上的姿势进行大小比较任务和奇偶判断任务，这些被试的两只手数数的方向均是从大拇指到小拇指。结果发现，当手掌向下时，右手出现了典型的单手SNARC效应，但左手未出现SNARC效应；当手掌向上时，左手出现了典型的单手SNARC效应，但右手未出现SNARC效应。这一单手SNARC效应的研究证实了数字–空间联合的心理数字线解释，支持了以手为单位的左、右空间参照，但是否定了以身体为单位的左、右空间参照。

Eerland、Guadalupe和Zwaan（2011）的研究表明身体的物理状态会影响数量的表征。该研究要求被试在处于不同的身体倾斜姿态下去估计埃菲尔铁塔的高度。结果表明，当要求被试身体左倾时，其对埃菲尔铁塔高度的估计明显低于要求被试身体正立时和身体右倾时对埃菲尔铁塔高度的估计。张丽等人（2012）的研究也证实了被试当前身体的物理状态对数量表征的影响。具体表现如下：当参与任务的身体状态与数字表征的空间特性相一致时，即两者均与自左向右的线性表征规则一致时，才会出现SNARC效应。当要求被试单手完成反应任务时，身体没有形成自左向右的空间线性表征，单手的空间特性没有与数字的空间特性对应起来，所以没有出现SNARC效应。在一个被试使用左手、另一个被试使用右手的合作情景实验中，虽然每个被试只能使用一只手进行按键反应，但是由于镜像神经元的作用，与其合作的被试的动作也被表征。所以，在合作情境下对被试的空间表征而言，实际上就跟一个人同时使用自己的两只手进行的实验是一样的，因而也出现了SNARC效应。

Crollen等人（2013）分别对早盲被试、晚盲被试和正常被试进行了大小比较任务和奇偶判断任务，结果发现在大小比较任务中，仅有早盲组被试在双手交叉反应的条件下出现了反转的SNARC效应，其他两组均没有出现反转的SNARC效应。而在奇偶判断任务中，在双手交叉反应条件下，三组被试均未出现反转的SNARC效应。因为奇偶判断任务被认为更基于数字的言语–空间联合（Van Dijck et al.，2012；Gevers et al.，2010），而大小比较任务更基于数字的视觉 – 空间联合。这说明具身的视觉经验促进了数字的视觉 – 空间表征的外在整合系统的发展。

2.3.2 手指数数的顺序对 SNARC 效应的影响

Fischer（2008）最早用手指数数的顺序来解释 SNARC 效应。Fischer 先使用问卷调查得出，在 445 名成年被试中，无论他们是左利手还是右利手，有三分之二的人习惯从左手开始数数。然后，分别将 53 名从左手开始数数的被试分为一组，将 47 名从右手开始数数的被试分为另一组，进行了奇偶判断任务。结果发现，从左手开始数数的被试组出现了 SNARC 效应，从右手开始数数的被试组未出现 SNARC 效应。因此，Fishcer 认为，手指数数的习惯可能促成了成年人的数字 – 空间的联合效应。Lindemann 等人（2011）通过网络问卷调查的方式调查了 900 个中东国家（如伊朗）和西方国家（如美国）的被试，调查当用手指数 1 ～ 10 的数时，他们的手指和数字空间表征之间的映射关系。结果发现，被试的双手数数模式揭示了手指数数顺序和开始手指的明显的跨文化差异。大部分的西方被试从左手开始数数，并且将数字 1 与拇指相联合；大部分中东被试从右手开始数数，并且将数字 1 与小拇指相联合。这种差异可能是由于两种文化背景下不同的感知运动习惯。而在两种文化背景下的个体用手指数数的过程中，两只手转换中的对称策略（两只手或者均从大拇指开始数数，或者均从小拇指开始数数）和空间方向一致策略（两只手均是从相同的方向开始数数）对数字 – 空间表征方向的影响作用相同。

Fabbri 和 Guarini（2016）选取了 184 名一年级到四年级的儿童和 42 名成年人，分别通过外显实验任务（数字线估计任务）和内隐实验任务（数字线分半任务）进行了手指数数顺序研究，分析了手指数数顺序对儿童和成年人数字 – 空间表征的影响。结果表明，手指数数顺序没有影响到外显数字 – 空间实验任务的成绩，但是影响了内隐数字 – 空间实验任务的成绩。这些研究一方面似乎证实了手指数数顺序对 SNARC 效应中数字 – 空间表征方向的影响；另一方面暗示了 SNARC 效应数字 – 空间表征方向中的单手左右空间参照证据的存在。

2.3.3 身体运动对 SNARC 效应的影响

身体运动同样可能会对 SNARC 效应产生影响。Loetscher 等人（2008）采用要求数字生成任务（demanding number generation task），该任务要求被试闭上眼睛，并随机报告 1 ～ 30 的数字。每个被试需要完成两次随机数字报告任务，其中一次是作为基线水平，要求他们头部保持垂直，另一次要求他们的头部向左或向右转。对所有被试而言，一半的被试被要求在生成随机数字时想象直尺上 1 ～ 30 的数字；另一半的被试没有要求。因变量是被试生成小数字（1 ～ 15）的频次。结果显示，若被试头部向右转，其随机报告的小数字频次相对少于其头部向左转时报告的小数字频次。尤其当要求被试想象着直尺上 1 ～ 30 的数字时，这种趋势更加明显。也就是说，当要求被试想象直尺上的 1 ～ 30 的数字时，他们在头部左转条件下报告的小数字频次显著多于头部右转条件下报告的小数字频次。另外，同样是头部右转条件下，当要求被试想象直尺上的数字时，报告的小数字频次也显著多于没有想象直尺上的数字时报告的小数字频次。Loetscher 等人认为，头部运动刺激了心理数字线上不同位置的数字的激活，因此也表现出头部向左运动与小数字联合、向右运动与大数字联合的趋势。

随后，Loetscher 等人（2010）招募了 12 名右利手男性被试，通过随机数字生成任务和眼动研究来考察生成的数字大小与眼动轨迹之间的关系。实验要求被试随机报告 1 ～ 30 的数字，并同时记录被试的眼动轨迹。结果发现，当被试随机生成的数字比前一个数字小时，会表现出向左或者向下的眼动运动；当随机生成的数字比前一个数字大时，会表现出向右或者向上的眼动运动。同时，Loetscher 等人进一步通过统计考察了随机生成的数字和前一个数字之差与眼动运动的距离之间的关系。他们以随机生成的数字与前一个数字之差为因变量，以水平或者垂直方向眼动运动的距离为预测变量，进行回归分析，结果显示，当眼动运动的距离越大时，被试随机生成的数字与前一个数字之差越大；当眼动运动的距离越小时，被试随机生成的数字与前一个数字之差越小。可见，通过眼动实验也表现出了大数字与身体运动的向右或者向上相联结、小数字与身体运动的向左或者向下相联结的趋势。

Hartmann 等人（2012）通过 3 个系列实验同样证实了身体运动对数字 - 空间联合的影响。实验 1 使用随机数字生成任务（random-number generation task），结果发现，身体向左移动或者向下移动可以易化对小数字的生成；当身体向右移动或者向上移动时，可以易化对大数字的生成。实验 2 采用以听觉形式呈现的大小判断任务，也表现出了身体左转和右转对数字认知的影响。在实验 3 中，当被试向左或者向右移动，并被要求探测运动方向，向其呈现小数字或者大数字。当探测运动方向有难度时，被试听到小数字对向左移动的探测反应相对较快，听到大数字对向右移动的探测反应相对较快。Hartmann 等人的研究虽然没有直接对 SNARC 效应进行验证，但是同样表现出了典型的 SNARC 效应的趋势，即表现出身体左侧移动或转动与小数字相联合、身体右侧移动或转动与大数字相联合的趋势。同时，这一研究既证实了身体运动对数字认知的影响，也证实了数字认知对身体运动辨别的影响。

2.4　SNARC 效应的相关理论

2.4.1 心理数字线（mental number line）

最初对 SNARC 效应产生机制的解释是 Dehaene 等人（1993）提出的心理数字线（mental number line，MNL）理论。具体而言，心理数字线理论认为，抽象的数字在大脑中是被排列在一条具象的连续的自左向右的心理数字线之上的。其中，小数字排列在数字线的左边，大数字排列在数字线的右边。根据心理数字线解释，对与任务无关的数字的加工会自动地激活空间编码，对空间编码的自动激活会易化或者阻碍相关反应任务。因此，他们认为，SNARC 效应是数字在心理数字线上的位置和空间反应位置一致性的结果。心理数字线的空间方向反映了空间信息对数字表征的影响，它的发现支持了数字的空间分布特征。其他的研究证据也表明了数字加工和空间加工可能具有共同的脑机制。数字加工和空间加工共同的脑机制主要是在右侧顶叶皮层部分（Dehaene，2003；Feigenson，Dehaene，and Spelke，2004）。此外，来自神经生理学的研究也表明顶叶皮质的活动受数字之间距离调节，并且与数字的呈现方式无关（Dehaene et al.，1997）。Zorzi 等人通过对右顶叶损伤病人的研究发现，病人的表现受刺激数字之间的距离的影响（Zorzi，Pritfis，and Umiltà，2002；Zorizi et al.，2006）。Zorzi 等人以左侧忽略症患者为被试进行研究，实验要求被试对四种材料（线段、数字、字母和月份）进行平分任务。结果发现，当对数字和线段进行平分任务时，被试报告的主观中心点有向右偏移的趋势，但是在对字母和月份信息进行平分任务时，并没有表现出向右偏移的趋势。Rusconi 等人的研究（Rusconi et al.，2011）也证明了这一点。上述研究从不同的角度说明了抽象的心理数字线和具象的物理线段具有相似的空间特性。目前，关于水平方向 SNARC 效应的研究（Schwarz and Keus，2004；Fischer et al.，2003；Fischer，2003；Calabria and Rossetti，2005）一致表明，拥有自左向右阅读习惯的被试会将小数字与左侧空间相联系、大数字与右侧相联系，这与心理数字线上数字从小到大、自左向右的分布是吻合的。

2.4.2 心理数字地图（mental number map）

随后的研究发现，不仅仅是水平方向存在 SNARC 效应，在垂直方向同样存在 SNARC 效应（Ito and Hatta，2004；Hung et al.，2008），甚至在由近及远的方向也存在 SNARC 效应（Antoine and Gevers，2016；Santens and Gevers，2008）。这些研究结果使 SNARC 效应的心理数字线隐喻解释受到了质疑。实际上，在这些研究之前，Dehaene（1997）已提出数字的空间表征应该是水平和垂直两个维度的心理数字地图（mental numbe rmap）假说。Dehaene 认为，在大脑中，实际上存在两条不同走向的心理数字线：一条是水平方向、自左向右走向的；另一条是垂直方向、自下向上走向的。被试可以根据任务的要求灵活地调整心理数字线的走向。Schwarz 和 Keus（2004）的研究证实了在垂直方向上同样存在 SNARC 效应。关于垂直方向的 SNARC 效应的空间表征方向问题，研究者选取的被试不同，采用的数字符号不同，得到的结论也有所不同。一部分研究得出的是小数字与下端的反应相联结、大数字与上端的反应相联结的典型的垂直 SNARC 效应（Ito and

Hatta，2004；Jarick et al.，2009；Pecher，Boot，and van Dantzig，2011）的结论。但是，Hung 等人选取了台湾地区的人作为被试，研究结果得出了垂直方向上小数字与上端相联合、大数字与下端相联合的反转的 SNARC 效应。他们认为，这种反转的 SNARC 效应与台湾地区被试的自上而下的阅读习惯有关（Hung et al.，2008）。Fischer 等人的研究（Fischer，Mills，and Shaki，2010）也证实了阅读习惯对数字空间表征的 SNARC 的影响。此外，也有研究联合考察了水平方向和垂直方向的 SNARC 效应的关系。例如，Cappelletti、Freeman 和 Chipolotti（2007）对 5 名左侧忽略症患者的心理数字线和物理线的加工进行了研究。研究结果表明，数量表征在水平方向和垂直方向上是否存在联系是因人而异的。在被试对水平方向上心理数字线的加工和垂直方向上数字线的加工过程中，存在部分独立的机制。Holmes 和 Lourenco（2011）开展的研究也表明了数字在水平方向上的表征要强于垂直方向上的表征。因此，他们认为，在数量的空间组织中，水平方向是胜过垂直方向的。可见，数字心理地图解释的提出为数字空间表征的探索提供了新的思路，也带来了新的挑战。由于目前对于水平方向和垂直方向上的 SNARC 效应的数字 – 空间联合的方向、强度以及水平方向和垂直方向之间的关系等问题并未达成共识，这使“数字心理地图”的观点也未能得到充分的证实。其中，最主要的问题是相对于较为稳定的水平方向的 SNARC 效应而言，并不是在所有的加工任务中都能发现垂直方向的 SNARC 效应。

2.4.3 双路线（Dual-Route Architecture）和计算模型（Computational Model）

Gevers、Caessens 和 Fias（2005）通过两个研究进一步检验了 SNARC 效应的双重路线解释（Gevers et al.，2006），他们认为，被试对数字信息进行加工，而且在做出反应之前会受到他们自己认知控制的调节。一般而言，在对数字信息进行加工的时候，存在两种不同的平行加工路线：一种是条件性加工路线；另一种是无条件性加工路线。条件性加工路线是以任务要求为基础的慢速的路线。也就是说，该路线可以通过言语指令灵活地完成反应控制。条件性加工路线是通过长时记忆将刺激与反应进行联结的。无条件性加工路线用来激活刺激和反应之间原先已经存在的关联并使两者产生自动联结的结果。无条件性加工路线通过任务设置使被试产生了与其短时记忆之间的无条件自动联结的结果。在一致的 trial 中，由于条件性加工路线和无条件性加工路线对刺激与反应之间条件的联结是相同的，因此减少了反应的潜伏期，增加了反应的准确性；相反，在不一致的 trial 中，由于条件性加工线路和无条件性加工线路对刺激与反应之间条件的联结是不同的，这时条件性加工线路会激活正确的反应，而无条件性加工线路会自动激活不一致的反应，因此会导致反应的潜伏期变长，准确率下降。在 SNARC 效应中，由于小数字和左侧的联结以及大数字和右侧的联结是无条件性加工路线，因此刺激呈现之后，两条路线都被平行激活。当任务要求与无条件性加工路线一致的时候，也就是说要求被试用左手对小数字反应、右手对大数字反应的时候，条件性加工路线和无条件性加工路线所引起的刺激和反应的联结是相同的，因此反应时相对较短；反之，当任务要求和无条件性加工路线不一致时，由于条件性加工路线激活的是正确的反应，无条件性加工路线激活的是错误的反应，两种冲突便会导致反应时延长。

Gevers 等人（2006）随后又提出计算模型（见图 2–1）。计算模型包含三个层次，模型的底层表示数字的表征，模型的顶层表示反应的选择性，模型的中层则负责按实验任务对数字进行分类，如把数字分成小数 / 大数，奇数 / 偶数，然后这些被分类的表征与它们在具体反应维度上相应的选择性相联合。随后，计算模型被拓展到了抽象的空间编码领域。因此，当一个刺激数字被分类为小数字或者大数字之后，还需要激活一个抽象的空间编码，如“左”或者“右”。如果被激活的空间编码与反应的空间位置一致，则被试的反应就会加快；如果被激活的空间编码与反应的空间位置不一致，被试的反应就会减慢。按照计算模型的假设，虽然可以很好地解释在采用的数字大小比较任务范式中出现的 SNARC 效应，但是无法对以数字大小作为无关刺激的任务范式中的 SNARC 效应做出合理的解释。

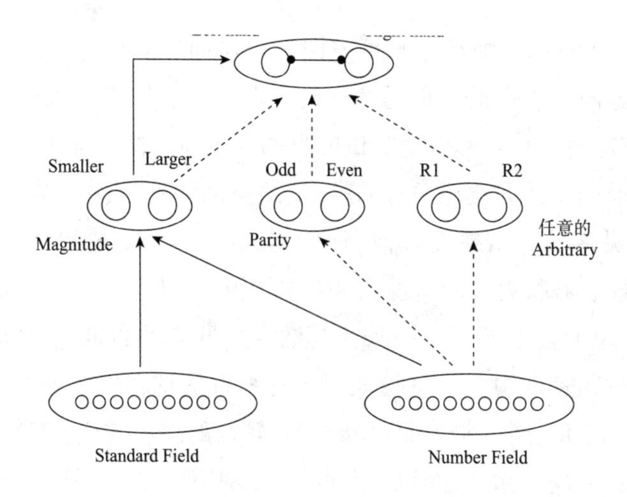

图 2–1　SNARC 效应的计算模型

2.4.4 极性对应解释（Polarity Correspondence Account）

与 Dehaene 等人（1993）的心理数字线解释不同，Proctor 和 Cho 提出了极性对应解释（Polarity Correspondence Account）。极性对应解释认为，人们对刺激编码的方案和反应的方案是按照正、负极方式进行的。同样，空间可以分为对立的两极（如上 / 下、左 / 右），大小也可以分为对立的两极（如小 / 大）。这样的对立两极分别对应负极或正极。例如，左和右在水平方向上分别对应负极（–）和正极（+），小和大分别对应大小的负极（-）和正极（+）。他们认为，在二元分类中，SNARC 同效应是刺激和反应的非对称的结果，而不是对数字值的大小信息的心理表征。也就是说，SNARC 效应的产生是数字大小的极性与空间反应位置的极性一致的结果。当正负极一致时，被试的选择反应快于正负极不一致时被试的选择反应。

根据极性对应解释，除 SNARC 效应外，大多数其他涉及两分类任务的研究结果均可以根据刺激和反应的极性的一致性程度来解释。在决定左右的时候，正极对应“右”，在决定上下的时候，正极对应“上”。这既可以解释水平 SNARC 效应，也可以解释垂直 SNARC 效应。Jarick 等人（2009）对两名数 – 形联觉被试（L 和 B）进行研究，这两名数 – 形联觉被试声称他们对数 – 形的联结形式如下：1 ～ 10 之间的数字是在垂直方向上自下而上表征的，10～20的数字则是在水平方向上自左向右表征的，21～40的数字也是在水平方向上表征的，但是表征的方向是自右向左的表征。Jarick等人（2009）研究这两名数－形联觉被试的目的在于通过使用提示范式和SNARC效应范式检验数－形联觉是否会对被试的空间注意产生影响，显示了极性对应解释的灵活性。结果发现，当要求被试对1，2，8和9进行奇偶判断时，这两名数－形联觉被试出现了SNARC相容效应（SNARC-compatibility effects），表现为自上而下的眼动（与数－形联觉的方向一致）。当使用空间提示范式时，发现两名被试均表现出对垂直呈现在低端的小数字（1，2）和呈现在顶端的大数字（8,9）反应时相对较快的提示效应（与他们对1～10的数－形联觉方向一致），但是相同的目标刺激（1，2和8，9）呈现在水平方向时（与他们对1～10的数－形联觉方向不一致），没有出现提示效应。对水平方向呈现在左端的（10，11）和右端的（19、20）出现了反应时相对较快的提示效应（与他们对10～20的数－形联觉方向一致），但是垂直方向（与他们对10～20的数－形联觉方向不一致）没有出现提示效应。总之，线索提示和SNARC任务均提示了垂直数－形联觉经验显示，数字的空间表征远比数字线要复杂。

极性对应解释可以看作对Gevers等（2006）提出的计算模型的简化解释。极性应对解释可以用来解释双分类任务中出现的诸多效应。也就是说，只要存在刺激和反应的双分类，都可以用极性对应解释模型进行解释。但是极性对应解释模型也存在局限性。按照极性对应解释模型，我们无法解释在数字表征的过程中出现的按照数量大小排列的心理数字线。最近，极性对应解释也受到了其他方面的质疑。例如，Santiago和Lakens（2015）使用奇偶判断任务和大小判断任务，并对被试的反应位置进行了三种不同的设置，即左、右键按键分别设置在键盘左侧位置，中间位置和右侧位置。若SNARC效应是数字和反应的极性一致性编码的结果，则反应键设置的位置不同，左、右反应的极性编码也会不同。但实验结果并未发现反应位置变化对SNARC效应的影响。这说明极性对应解释也不能完整地解释SNARC效应。

2.4.5 视觉－空间和言语－空间的双编码解释(Visuospatial Coding and Verbal-Spatial Coding)

Gevers等人(2010)提出了对SNARC效应的言语－空间编码解释。也就是说，Gevers等人将数字的空间编码分为两类：视觉－空间编码(visuospatial spatial coding)和言语－空间编码(Verbal-Spatial coding)。视觉－空间编码与Dehaene等人(1993)提出的心理数字线相似，认为SNARC效应是数字在一条自左向右的心理数字线上的位置和反应的空间位置的联结的结果。然而，言语－空间编码解释与极性对应解释相似，认为在水平方向的左和数量上的小均对应负极(－)，水平方向的右和数量上的大均对应正极(＋)。因此，言语－空间编码解释将SNARC效应解释为数量大小的言语信息(小－大)和空间表征的言语信息的(左－右)的联结。

言语－空间和视觉－空间的双编码解释更深层次地表明了数字在数字线上与体外空间有关联，而且与体外空间效应器无关。通常来讲，数字空间交互作用不依赖输入通道或输出效应器(Hubbard et al.，2005)。他们结合了计算模型(Gevers et al.，2006)、Santens和Gevers(2008)等人的研究以及Pavio(1986)的双编码理论提出了言语－空间编码的解释。根据Pavio(1986)的双编码理论，事物被编码为类比和符号两种表征。在类比系统里，物体的属性(如长度、颜色)用一种类似的方式表征。例如，人们可能会设想大的数量包含大量的物体，所以长度也是如此。在言语符号表征系统中，编码并不保持类比的属性，而是以本质/基本的符号表征事物。例如，看到单词“狗”，即表征了狗。这是因为语义构成了原型符号系统，Pavio将这种编码系统称为言语符号表征。当应用到数字认知研究中时，以上视觉－空间系统属于Pavio类比系统。事实上，数字－空间系统的典型特征是数字在空间坐标的类比表征。Proctor和Cho(2006)、Gevers等人(2006)提出的言语－空间系统属于Pavio的言语符号系统。Gevers等人(2010)提出数字也可以用两种方式表征。他们认为，数字的视觉－空间和言语－空间表征同时存在，而且SNARC效应是两者共同作用的结果。对于视觉－空间解释来看，SNARC效应是反应的位置或者刺激本身和数字在视觉－空间结构的位置一致的结果。从言语–空间解释来看，SNARC效应是小或大言语编码与左或右的言语编码一致的结果。事实上，这种表征外部空间的分类是通过言语的概念（如“左”“右”“上”“下”）来定义空间的概念编码的他们的假设通过成人实验证实了，即根据言语–空间编码的解释，SNARC效应也是言语信息“小”和“左”、“大”和“右”之间言语–空间编码联合的结果，而不仅仅是小数字和空间的左、大数字和空间的右之间视觉–空间编码联合的结果。当言语–空间信息和视觉–空间信息竞争时，言语–空间编码占优势。前语言阶段的婴儿、学前期的儿童、偏远地区的人群以及动物实验也证明了数字与空间联结发生在语言和符号知识获得之前（Drucker and Brannon，2014），这也暗示了在数字–空间表征中言语–空间编码的作用及其合理性。

2.4.6 具身认知理论（Embodied Cognition Theory）

传统认知理论没有充分认识到身体在认知过程中发挥的作用。具身认知理论的出现打破了传统认知理论研究的禁锢，强调身体对认知过程的影响。例如，Anderson（2007）认为认知的本质和结构依赖身体的本质、身体的结构和行为。Goldman和Vignemont（2009）同样主张不同的身体形式或者身体编码的心理表征在认知活动中起着重要作用。具身认知理论认为，认知是通过身体的经验以及身体的活动方式而形成的（叶浩生，2010）。通俗地讲，具身认知理论主张把“把心理放入大脑里，把大脑放入身体内，把身体放入环境内”。叶浩生（2010）将具身认知观归纳如下：认知既是具身的，又是嵌入的；大脑嵌入身体，身体嵌入环境，构成了一体的认知系统。此处的“身体”概念不仅是指脑或神经机制等身体的生理解剖学结构，还包括身体结构、状态、活动方式以及特殊感觉–运动通道等（Ballard，1997）。

上述关于SNARC效应的几种理论解释都多是从信息加工的时间进程角度来分析SNARC效应的。例如，心理数字线理论强调的是SNARC效应发生在早期的刺激表征阶段（Dehaene et al.，1993；Keus and Schwarz，2005），而双路线模型主张SNARC效应发生在与反应相关的晚期阶段（Gevers et al.，2006）。这些理论均是从传统的认知理论角度出发来分析

SNARC 效应的，都只能从某个角度对 SNARC 效应进行解释。具身认知理论非常强调认知主体的身体经验对认知活动的影响，由于具身认知本身从三个层面反映了心理现象的产生，即大脑与身体的特殊感觉运动通道对认知的影响、身体状态对认知过程的影响以及环境对认知的影响（叶浩生，2011a，2011b），因此从具身认知理论的视角出发或许可以更好地统合不同层次、不同类型的 SNARC 效应。

Fischer 等人从具身认知理论的视角出发，对以往的 SNARC 效应研究进行了梳理，提出了"数字认知的层级理论"。"数字认知的层级理论"认为，数字认知由相对稳定到相对灵活可以分为基础性数字认知、具身性数字认知和情境性数字认知三个层级（Fischer，2012；Fischer and Brugger，2011；Fischer and Shaki，2014）。基础性数字认知指的是数字和空间方位存在的普遍联系，表现为小数与垂直空间方向的下端相联合、大数与垂直空间方向的上端相联合的趋势。这种数字在垂直空间方向的映射与物理空间方向的"当累积更多数量物品时，数量多的相对会形成更高的堆积"，或者说是语言隐喻中的"多就是高"（"larger quantities to generate taller pile when accumulated"，or "more is up"，Lakoff and Johnson，1980；Lakoff and Núñez，2000；Núñez，Edwards，and Filipematos，1999）的描述方式相一致。具身性数字认知是建立在基础性数字认知之上的，它与身体的感觉运动经验有关。因此，具身性数字认知也与文化有关，它会受学习经验的影响。SNARC 效应研究中的文化差异就是具身性数字认知的体现。情境性数字认知既体现了数量概念的灵活性，又体现了数量表征对当前情境以及任务的依赖性。所以，"数字认知的层级理论"的三个层次中基础性数字认知稳定性最强，具体表现为垂直方向上的 SNARC 效应比水平方向上的 SNARC 效应稳定性强（Fischer，2012；Shaki and Fischer，2012），该结论说明数量的大小与空间位置的联结是普遍的。具身性数字认知相对比较容易习得，不同阅读文化背景下的 SNARC 效应差异的存在正是体现了具身性数字认知的阅读和书写文化影响。Shaki、Fischer 和 Petrusic（2009）的研究表明，加拿大籍被试（阅读习惯为从左向右）表现出了典型的 SNARC 效应，巴勒斯坦籍被试（阅读习惯为从右向左）表现出了负 SNARC 效应，而犹太人被试（阅读方向是从左到右，数字书写是从右向左）没有发现稳定的SNARC效应。这是具身认知的典型例证，因为此例中基础性和情境性的数字认知没有区别。情境性的数字认知是最灵活和任务依赖性最强的。例如，Fischer、Shaki和Cruise（2009）的研究表明，给俄语–希伯来语双语被试依次随机呈现俄语数字（阅读方向是从右向左）或者希伯来语数字（阅读方向是从右向左），仅在俄语数字刺激中发现了SNARC效应。

第3章

SNARC效应的言语-空间编码研究

3.1　SNARC 效应的言语 – 空间编码的研究进展

言语 – 空间编码理论的雏形可以追溯到 Pavio（1986）的双编码理论。Pavio 的双编码理论认为，事物存在类比和符号两种编码方式。根据类比编码系统的解释，客观事物的属性（例如长度、颜色）是用一种物理属性的方式做类比进行表征的；例如，类比编码系统会将大的数字编码为空间物理属性的长或者高；将小的数字编码为空间物理属性的短或者低。根据符号编码系统的解释，对客观事物属性的编码并不保持类比的属性而是以抽象的本质或者基本的符号进行表征。例如，符号编码系统会将大的数字编码为抽象语义符号，并以此表征数量上的多。这是因为语义构成了原型符号系统，Pavio 称之为言语符号表征系统。相应地，在数字 – 空间表征领域，以 Dehaene 等人（1993 年）心理数字线为代表的视觉 - 空间系统即属于 Pavio 双编码理论中的类比编码系统。数字 - 空间系统的典型特征是数字在空间坐标的类比表征。Proctor、Cho（2006）、Gevers、Verguts 等人（2006）提出的言语 - 空间系统则属于 Pavio 双编码理论中的言语符号编码系统。可见，为了对数字 – 空间表征的系统能有一个完整的认识和理解，需要借鉴 Paivio 的双编码理论。在数字 – 空间表征领域，体现为既包含言语 – 空间的言语符号表征系统，又包含视觉 – 空间编码的类比系统，这样的双编码系统才能更完整地表征数字在数字线上与体外空间有关联（Hubbard et al.，2005）。Gevers 等人（2010）结合计算模型（Gevers et al.，2006）、极性对应解释（Proctor and Cho，2006）、Santens 和 Gevers（2008）等的研究以及 Pavio（1986）的双编码理论，提出了数字 – 空间表征中 SNARC 效应的视觉 – 空间和言语 – 空间双编码解释。具体而言，Gevers 等人将数字的空间编码分为两类：视觉 – 空间编码和言语 – 空间编码。视觉 – 空间编码与 Dehaene 等人（1993）的心理数字线相似，认为 SNARC 效应是数字在一条自左向右的心理数字线上的位置和反应的空间位置的联结。言语－空间编码解释与极性对应解释相似，认为在水平方向的左和数量上的小均对应负极（-），水平方向的右和数量上的大均对应正极（+）。因此，言语－空间编码解释将 SNARC 效应解释为数量大小的言语信息（小－大）和空间表征的言语信息的（左－右）的联结。

随后，Gevers 等人（2010）进一步证实了数字空间表征的双编码系统，认为数字的视觉－空间和言语－空间两种编码方式同时存在，SNARC 效应是两种编码系统共同作用的结果。按照视觉－空间编码的解释，SNARC 效应是由于反应的位置或者刺激本身与数字在视觉空间结构上的位置一致性的结果。按照言语－空间编码的解释，SNARC 效应是由于数量上的小或大的言语编码与空间信息中的左或右的言语编码一致的结果。事实上，这种表征外部空间的分类是通过言语的符号（如“左”“右”“上”“下”）来定义空间的言语符号编码的。因此，Gevers 等人认为 SNARC 效应是言语信息“小”和“左”、“大”和“右”之间言语－空间和视觉－空间两种编码方式联合作用的结果，而不仅仅是小数字和视觉空间的左侧、大数字和视觉空间的右侧之间联结的视觉－空间编码的结果。此外，Gevers 等人还认为，当言语－空间编码信息和视觉－空间编码信息竞争时，言语－空间编码会表现出优势。

基于言语－空间和视觉－空间的双编码解释，Gevers 等人（2010）以成年人为被试，采用含有言语－空间信息的奇偶判断任务范式，对成年被试的 SNARC 效应中的视觉－空间编码与言语－空间双编码方式进行研究。结果发现，含有言语－空间信息的奇偶判断任务范式可能存在着数字空间编码中的言语－空间编码偏好，因此他们最终采用了不会导致 SNARC 效应中言语－空间编码偏差的含有言语－空间信息的大小比较任务范式。基于含言语－空间信息的大小比较任务范式的研究结果显示了成人被试的 SNARC 效应是视觉－空间和言语－空间编码共同作用的结果，其中言语－空间编码更有优势。Imbo、Brauwer、Fias 和 Gevers（2012）分别以 9 岁、11 岁的儿童和成年人为被试，同样采用了含有言语－空间信息的大小比较任务范式，结果发现，9 岁和 11 岁的小学生与成年人 SNARC 效应的数字空间编码方式类似，也存在视觉－空间和言语－空间双编码，并且以言语－空间编码为优势编码，且年龄越小，言语－空间编码越具优势。也就是说，与成人的言语－空间编码占优势的效应相似，儿童也表现出更多地将小数字与言语－空间的“左”、大数字与言语－空间的“右”相结合的趋势，而非是小数字与视觉－空间的“左”、大数字与视觉－空间的“右”相结合的趋势。

在国内，潘运等人（2013）以35名大学生为被试，同样采用含有言语－空间信息的大小比较任务范式，对汉语和英文两种文字符号呈现的言语－空间信息条件下的数字言语－空间编码进行研究。具体而言，他们分别使用汉语文字符号（“左”和“右”）以及英文文字符号（“Left”和“Right”）作为空间言语线索，对大学生被试的言语－空间编码进行研究。结果表明，当在汉语文字符号条件下，大学生被试的SNARC效应中存在视觉－空间和言语－空间两种编码方式，且表现出言语－空间编码优势。具体而言，大学生被试在中文空间文字符号条件下，对数字的空间表征是将小数字与言语－空间的“左”相联结，大数字与言语－空间的“右”相联结。但在英语文字符号条件下，SNARC效应仅表现出视觉－空间编码。具体而言，大学生被试在英文空间文字符号条件下，对数字的空间表征是将小数字与视觉－空间的左侧相联结，大数字与视觉－空间的右侧相联结。与Imbo等人（2012）的研究类似，潘运、黄玉婷和赵守盈（2013）分别以7岁、9岁和11岁儿童为被试，同样采用含有言语－空间信息的大小比较任务范式，结果表明，儿童被试在7岁、9岁、11岁三个阶段的SNARC效应中均存在视觉－空间编码和言语－空间编码两种方式，其中也是言语－空间编码占优势。这说明儿童从7岁开始已经表现出将小数字与言语－空间的“左”相联结、大数字与言语－空间的“右”相联结的趋势。

3.2　SNARC效应的言语－空间编码的研究方法

3.2.1 大小比较法变式——含有言语——空间信息的大小比较任务范式

相对于奇偶判断任务，Gevers等人（2010）在实验中使用的含有言语－

空间信息的大小比较任务范式被认为既不偏好于视觉－空间编码，又不偏好于言语－空间编码。含有言语－信息的大小比较任务示意图如图 3–1 所示。在含有言语－空间信息的大小比较任务中，给被试呈现的阿拉伯数字位于显示器屏幕的中央，左右两侧各出现一个反应标签。反应标签“左”和“右”或者“右”和“左”在每个 trial 中随机出现。实验指导语要求被试判断目标数字大于 5 还是小于 5，并进行相应的按键反应。也就是说，当目标数字小于 5 时，被试要按与言语标签“左”对应的反应键；当目标数字大于 5 时，被试要按与言语标签“右”对应的反应键。同样，被试也需要执行另一个相反的任务：当目标数字小于 5 时，被试要按与言语标签“右”对应的反应键；当目标数字大于 5 时，要求被试按与言语标签“左”对应的反应键。为平衡实验误差，执行这两种任务的顺序需要在被试间进行平衡。

假如反应标签是以它们正常的顺序呈现的（见图 3–1 的上半部分），视觉－空间编码和言语－空间编码解释会产生相同的预测。例如，视觉－空间编码和言语－空间编码均预测当呈现的是“左 1 右”时，左手反应相对较快；当呈现的是“左 9 右”时，右手反应相对较快。然而，当反应标签是以逆向的顺序呈现时（见图 3–1 的下半部分），视觉－空间编码和言语－空间编码将产生不同的预测。例如，当呈现的是“右 1 左”时，因为数字 1 排列在心理数字线的左侧，则视觉－空间编码将预测左手反应相对较快，而言语－空间编码将预测右手反应相对较快，因为数字 1 与呈现在显示器右侧的反应标签“左”相联结。当呈现的是“右 9 左”时，则得出相反的预测。即因为数字 9 排列在心理数字线的右侧，则视觉－空间编码将预测右手反应相对较快，而言语－空间编码将预测左手反应相对较快，因为数字 9 与呈现在显示器左侧的反应标签“右”相联结。

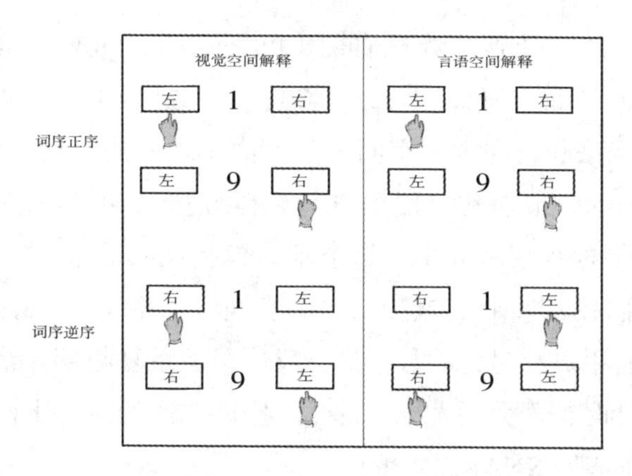

图3-1　含有言语－空间信息的大小比较任务示意图

视觉－空间编码预测了方差分析中的反应位置主效应（反应位置的身体正序是指被试对小数字用左手反应，对大数字用右手反应；反应位置的身体逆序是指对小数字用右手反应，对大数字用左手反应）。视觉－空间与言语－空间双编码解释预测了方差分析中的反应位置和词序的交互作用。词序中的词序为正是指反应标签“左”呈现在显示器的左侧，反应标签“右”呈现在显示器的右侧；词序中的词序为逆是指反应标签“左”呈现在显示器的右侧，反应标签“右”呈现在显示器的左侧。同时，根据视觉－空间编码解释，在词序为正条件和词序为逆条件下均会出现负的SNARC效应斜率，但根据视觉－空间与言语－空间双编码的解释，词序为正条件下会出现负的SNARC效应斜率，而词序为逆条件下将出现正的SNARC效应斜率。

3.2.2 基于言语－空间信息的大小比较任务法的统计方法

对SNARC效应研究进行实验数据统计，自Fias等人（1999）提出建议后，在很想一段时间内使用的均是Lorch和Myers（1990）提出的回归分析方法。这种传统的方法是对每个trial中的每一个左、右手反应中的正确反应的平均反应时进行统计。经典的SNARC效应被描述为以每一个目标刺激为预测变量，以dRT（右手反应时减去左手反应时）为被预测变量的负SNARC斜率与0值的显著性差异。负的回归斜率意味着对相对小的数字用左手反应快，对相对大的数字用右手反应快。然而，使用传统的回归分析方法估计 SNARC 效应受到学者的质疑（Pinhas，Tzelgov，and Ganor-Stern，2012；Tzelgov，Zohar-Shai，Nuerk，2013）。这些学者认为，使用传统的回归分析方法无法获得视觉－空间和数字大小之间的交互作用（Tzelgov et al.，2013）。因此，他们建议使用方差分析方法对 SNARC 效应进行估计。他们建议使用包含有数字大小（每个水平包括连续的数字，其中一个是奇数，另一个是偶数，如 1 或 2、3 或 4）和视觉－空间（左手对相对小的数字进行反应，右手对相对大的数字进行反应）的重复测量方差分析。在使用这种类型的统计时，若数字大小和视觉－空间之间的线性比较的交互作用的显著性存在，即表明 SNARC 效用存在。

结合以上方法学上的批评，在采用 Gevers 等（2010）设计的含有言语－空间信息的大小比较任务时，一方面，数据分析需要采用 Gevers 等人提出的方差分析方法检验词序与视觉－空间的交互作用是否显著，以此来确认是否存在言语－空间编码；另一方面，需要分别在词序变量的两个水平，即词序为正和词序为逆的条件下，以每一个目标刺激为预测变量，以 dRT（右手反应时减去左手反应时）为被预测变量进行回归分析，以进一步确认是否存在言语－空间编码。

第4章

问题的提出与研究方案

4.1　问题的提出

自 Dehaene 等人（1993）发现数字 – 空间表征的 SNARC 效应以来，大量的实证研究证据证实了 SNARC 效应的普遍性。另外，也有大量的研究证据证实了 SNARC 效应的灵活性。但是，对于数字 – 空间表征的 SNARC 效应的解释机制研究仍存在争议。例如，在关于 SNARC 效应解释机制的诸多理论中，对于空间信息的解释都是基于数字与视觉空间信息的单一联合，也就是说，对空间概念的理解和运用是不完整的，因此各个理论均被其他研究者从不同的角度提出质疑。在对数字 – 空间表征的 SNARC 效应解释的诸多理论研究中，Gevers 等人（2010）提出的空间 – 空间和视觉 – 言语的双编码解释将空间概念细分为视觉 – 空间和言语 – 空间两种类型，这样的划分比其他单一的数字 – 视觉空间表征的理论解释更全面，也更合理。

根据具身认知理论的观点，个体认识世界是从自己的身体感知开始的。空间关系正是主体从自己的身体与外界事物的接触中最直接感受到的关系。随着空间关系不断作用于人的身体，最后形成了抽象性的意向图式（李其维，2008）。对于视觉 – 空间信息中汇总的“左或右”的空间信息，最初就是以身体作为参照进行加工的。身体的左半部分抽象出“左”这一空间概念，右半部分抽象出“右”这一空间概念。同样，空间表征在抽象言语的理解中也扮演着重要的角色。最近的研究也表明了对空间的表征参与了言语的理解过程，以及在言语信息中也存在言语与空间的交互效应。可见，相对于现有的诸多关于数字 – 空间表征的 SNARC 效应的理论解释而言，将单一的数字 – 视觉空间编码丰富为视觉 – 空间编码和言语 – 空间双编码的解释是更为全面和合理的。

虽然视觉 – 空间和言语 – 空间双编码解释相对更为合理，也更能准确地解释数字－空间表征的 SNARC 效应的原因。但目前仍缺乏对视觉－空间和言语－空间双编码解释机制的系统研究。因此，有必要对其进行系统的研究。要开展 SNARC 效应的视觉－空间编码与言语－空间双编码机制的系统研究，就需要解决系统研究框架的设立问题。在对以往诸多的 SNARC 效应的单一的视觉－空间表征研究进行梳理后，Fischer 等人（Fischer，2012；Fischer and Brugger，2011；Fischer and Shaki，2014）从具身认知理论的视角出发，系统地提出了数字－空间表征的 SNARC 效应的"数字认知的层级理论"模型。该理论将数字认知分为三个层次：基础性数字认知、具身性数字认知和情境性数字认知。基础性数字认知指数字和空间方位存在的普遍联系，具体表现为小数字与垂直空间方向的下端相联合、大数字与垂直空间方向的上端相联合，其相对而言是最稳定的。具身性数字认知建立在基础性数字认知之上与身体的感觉运动经验有关，会受学习经验（如阅读和书写的方向）的影响。SNARC 效应研究中的文化差异就是具身性数字认知的体现。具身性数字认知是相对灵活的，它会随着被试感知－运动方向（如阅读和书写的方向）的变化而变化。情境性数字认知既体现了数量概念的灵活性，又体现了数量概念对当前情境以及任务的依赖性。在三个层次当中，基础性数字认知稳定性最强，具体表现为垂直方向上的 SNARC 效应比水平方向上的 SNARC 效应稳定性强。具身性数字是相对灵活的，具体表现为不同阅读和书写文化背景下 SNARC 效应的表现差异。情境性的数字认知最灵活，对任务的依赖性最强。"数字认知的层级理论"对以往零散的 SNARC 效应的理论框架梳理更为简练，也更具概括性。而视觉－空间编码和言语－空间编码可能反应了数字认知的不同水平。因此，可尝试将"数字认知的层级理论"作为对 SNARC 效应的视觉－空间编码和言语－空间双编码机制进行系统研究的理论框架。将"数字认知的层级理论"作为系统研究的理论框架，对视觉－空间与言语－空间双编码解释研究问题进行梳理，如图 4–1 所示。

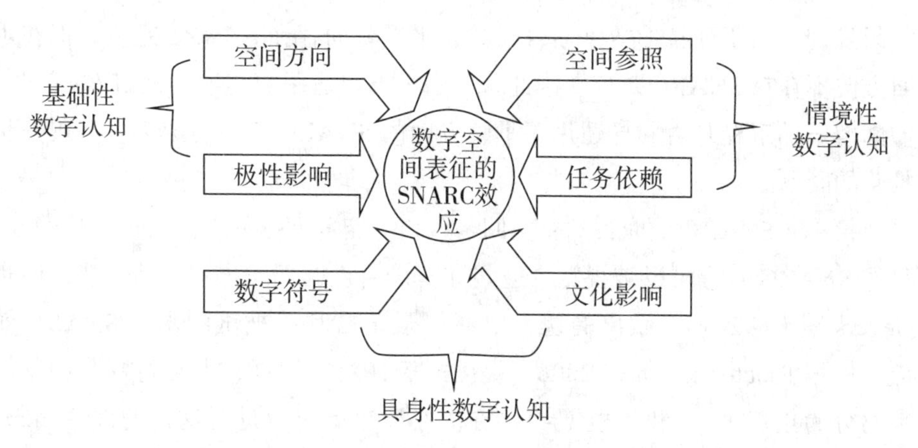

图 4-1　SNARC 效应的视觉 - 空间与言语 - 空间双编码解释有待解决的问题梳理

本研究拟通过以“数字认知的层级理论”为系统研究的框架，以视觉 - 空间和言语 - 空间双编码为解释原因，对数字 - 空间表征的 SNARC 效应问题进行研究，以达到对数字 - 空间表征问题的深入理解和整合，并进一步丰富数字认知和具身认知的理论研究。具体而言，需要进一步研究的具体问题主要集中在以下三个层次，六个具体问题：基础性数字认知层次中 SNARC 效应的视觉 - 空间与言语 - 空间双编码解释机制（分别从不同空间方向和不同空间极性开展）；具身性数字认知层次中 SNARC 效应的视觉 - 空间与言语 - 空间双编码解释机制（分别从不同数字符号和不同阅读文化开展）；情境性数字认知层次中 SNARC 效应的视觉 - 空间与言语 - 空间双编码解释机制（分别从不同空间参照和任务依赖开展）。相应开展的六个具体问题描述如下。

第一，SNARC 效应视觉 - 空间与言语 - 空间双编码的空间方向依赖性。虽然 SNARC 效应可以被视觉 - 空间编码与言语 - 空间双编码很好地解释，但是 Gevers 等人（2010）做出的这一解释仅限于水平 SNARC 效应。先前的研究表明，垂直的数字空间表征可能独立于水平的数字空间表征，也就是说，水平数字空间表征与垂直数字空间表征的解释机制可能并不相同（Shaki and Fischer，2012）。Hung 等人（2008）以台湾地区的人为被试，从视觉 - 空间编码的解释角度（心理数字线解释角度）对三种不同符号形式的数字（阿拉伯数字、中文简体数字、中文繁体数字）的 SNARC 效应进行研究。

结果发现，对于阿拉伯数字而言，其在水平方向存在 SNARC 效应，但在垂直方向不存在 SNARC 效应。因此，在水平方向适用的 SNARC 效应的言语 – 空间编码的解释是否同样适用于垂直方向的 SNARC 效应将成为有待进一步检验的问题。

第二，SNARC 效应视觉 – 空间与言语 – 空间双编码的空间极性依赖性。虽然 SNARC 效应可以被视觉 – 空间和言语 – 空间双编码很好地解释，但是 Gevers 等人（2010）做出的这一解释仅限于右利手被试的水平 SNARC 效应。根据 Proctor 和 Cho（2006）提出的极性对应解释，人类将刺激和反应编码分为正极（+）和负极（–），在大小数字上可以进行这样的极性编码，即小数自动编码为负极，大数自动编码为正极，同理，反应位置也可以进行这样的极性编码，身体左侧反应可以自动编码为负极，身体右侧的反应可以自动编码为正极。相对而言，一致性的极性要比不一致性的极性反应快。因此，左手对小数反应时较快，而右手对大数反应时较快。但是，Casasanto（2009a，2009b）提出的身体特异假设（body–specificity hypothesis，BSH）认为，对于左利手的个体而言，其在水平方向上的正负极性分布可能与右利手个体的正负极性分布相反，也就是说，对于右利手个体而言，左侧对应负极，右侧对应正极。但是，对于左利手个体而言，身体极性可能正好相反，即左侧对应正极，右侧对应负极。而数字 – 空间表征的视觉 – 空间和言语 – 空间双编码解释本身正是在整合了极性对应解释的基础上提出的。所以，水平方向右利手被试适用的言语 – 空间编码的解释是否同样适用于水平方向左利手被试也将成为另一个有待进一步检验的问题。

第三，SNARC 效应视觉 – 空间与言语 – 空间双编码的数字符号依赖性。同样，先前的研究（Hung et al.，2008）从视觉 – 空间编码的解释角度（心理数字线解释角度）对三种不同符号形式的数字的 SNARC 效应进行了探讨，在 SNARC 效应研究中被试分别对水平和垂直方向呈现的不同形式的数字符号（阿拉伯数字、中文简体数字、中文繁体数字）进行反应，结果发现在水平和垂直方向上，不同被试的数字 – 空间表征效应不同。其中，阿拉伯数字存在水平 SNARC 效应，但是不存在垂直 SNARC 效应；中文简体数字不存在水平 SNARC 效应，但是存在垂直 SNARC 效应；中文繁体数字既不存在水平 SNARC 效应，又不存在垂直 SNARC 效应。这是因为对中国台湾地区被试而言，阿拉伯数字通常呈现在自左向右的文本中，中文简体数字通常呈现在自上而下的文本中，但是中文繁体数字不常出现在文本中，相对而言，这些被试都不太熟悉繁体数字。但是，对于中国大陆被试而言，阿拉伯数字和中文简体数字符号一般在文本中是自左向右排列，这两种文字有时会出现在自上而下垂直排列的文本中。中文繁体数字符号一般会出现在自左向右的财务交易中，有时会出现在自上而下垂直排列的文本中。此外，阿拉伯数字或者文字性的数字符号通常是文化的产物。对不同数字符号的加工机制解释可能会不同（Cao and Li，2010；Cohen Kadosh et al.，2007；Holloway，Price，and Ansari，2010）。因此，Gevers 等人（2010）以阿拉伯数字为刺激材料做出的言语－空间编码的解释是否同样适用于中文简体数字和中文繁体数字符号也成了另一个有待进一步检验的问题。

第四，SNARC 效应视觉－空间与言语－空间双编码的阅读文化依赖性。以往基于视觉－空间编码的解释角度（心理数字线解释角度）的研究发现，不同阅读习惯背景下的被试 SNARC 效应结果不同。Dehaene、Bossini 和 Giraux（1993，实验 7）对刚刚移民到法国的伊朗被试进行了实验，结果出现了弱的 SNARC 效应。对伊朗被试而言，他们的母语是自右向左的阅读和书写习惯，法语的阅读和书写习惯是自左向右。随后的一些研究（Zebian，2005；Shaki，Fischer，and Petrusic，2009；Fischer，Shaki，and Cruise，2009）进一步证实了阅读和书写方式对 SNARC 效应的影响。这意味着 SNARC 效应与阅读习惯有关。虽然言语－空间编码解释是通过对自左向右的文本阅读文化下的被试进行实验获得的证据（Gevers et al.，2010；Imbo，Brauwer Fias，and Gevers，2012），但言语－空间编码的解释是否适用于拥有不同阅读文化的被试同样有待进一步考证。

第五，SNARC 效应视觉－空间与言语－空间双编码的任务依赖性。虽然 SNARC 效应可以被视觉－空间编码和言语－空间编码很好地解释，但是 Gevers 等人设计的含有言语－空间信息的大小比较任务的初衷是防止实验任务中出现对言语－空间编码的反应偏好。Georges、Schiltz 和 Hoffmann（2015）对比了言语指导语条件和空间指导语条件下的水平 SNARC 效应，结果发现，言语指导语条件下出现了言语 – 空间编码优势，这一结果支持了 Gevers 等人的观点。但在空间指导语条件下出现了视觉 – 空间编码优势，这一结果意味着大小比较实验任务中的言语指导语可能存在对言语 – 空间编码的偏好。对于数字 – 空间表征的 SNARC 效应的言语 – 空间编码是否存在任务依赖性也成了一个有待进一步检验的问题。

第六，SNARC 效应视觉 – 空间与言语 – 空间双编码的空间参照依赖性。基于视觉 – 空间编码的解释角度（心理数字线解释角度）的研究假设，Dehaene 等人（1993）采用奇偶判断任务，但是打破正常的左、右手空间顺序，要求被试交叉左、右手进行反应，结果仍然出现了典型的 SNARC 效应。也就是说，无论左、右手是否交叉，均表现出身体左侧对相对小的数字反应较快、身体右侧对相对大的数字反应较快。这似乎意味着 SNARC 效应是以身体中心作为空间左、右参照的。然而，Wood 等人（2006）复制了 Dehaene 等人（1993）的研究，结果发现，当被试交叉左、右手进行实验时，并未出现 SNARC 效应。这可能是因为以身体为中心的空间左、右参照与以手为中心的空间左、右参照相互冲突，导致 SNARC 效应消失。Riello 和 Rusconi（2011）要求被试分别使用单手（左、右手）手掌向下的姿势和手掌向上的姿势进行大小比较任务和奇偶判断任务，这些被试的两只手数数的方向均是从大拇指到小拇指。结果发现，当手掌向下时，右手出现典型的单手 SNARC 效应，但左手未出现 SNARC 效应；当手掌向上时，左手出现典型的单手 SNARC 效应，但右手未出现 SNARC 效应。这一单手 SNARC 效应的研究证实了数字 – 空间联合的心理数字线解释，支持了以手为单位的左、右空间参照，但是否定了以身体为单位的左、右空间参照。也就是说，在以单手为单位进行实验时，空间参照可能会变为以单手为参照的左、右空间参照；在以双手为单位进行实验时，空间参照可能会变为以身体为参照的左、右空间参照。那么，单手数字 – 空间表征的 SNARC 效应的言语 – 空间编码是否与双手数字 – 空间表征的 SNARC 效应的言语 – 空间编码一致呢？这一问题也有待进一步考证。

4.2　研究方案

本研究以具身认知理论的“数字认知的层级理论”为系统研究的理论框架，采用经典大小比较任务范式、含有言语 – 空间信息的大小比较任务范式以及通过修正 Gevers 等人（2010）设计的含有言语 – 空间信息的大小比较任务范式而来的含有言语信息的视觉 – 空间大小比较任务范式，来探讨具身数字认知的三个层次中 SNARC 效应的视觉 – 空间与言语 – 空间双编码机制问题，以达到对数字 – 空间表征问题的深入理解。

具体而言，研究的目的在于检验基础性数字认知层次、具身性数字认知层次、情境性数字认知层次中 SNARC 效应的视觉 – 空间与言语 – 空间双编码的解释机制。

为了实现研究目的和达到研究内容的要求，本研究共设计了 4 个子研究，共 6 个实验。实验 1a、1b 共同考察视觉 – 空间与言语 – 空间双编码的数字符号依赖性和空间方向依赖性，以及数字符号依赖性与空间方向依赖性的交互作用。实验 2a、2b 共同考察了视觉 – 空间与言语 – 空间双编码的任务依赖性、数字符号依赖性和空间方向依赖性，以及这三种影响因素之间的交互作用。实验 3a、3b 作为实验 1a、1b 与实验 2a、2b 的基线实验，为实验 1a、1b 与实验 2a、2b 的研究提供基线数据，确保实验实验 1a、1b 与实验 2a、2b 研究结论的准确性。实验 4 考察了视觉 – 空间与言语 – 空间双编码的空间参照依赖性。实验 5a、5b 共同考察了视觉 – 空间与言语 – 空间双编码的极性依赖性、数字符号依赖性以及两者的交互作用。实验 6 考察了视觉 – 空间与言语 – 空间双编码的文化依赖性。具体研究方案路线如 4–2 所示。

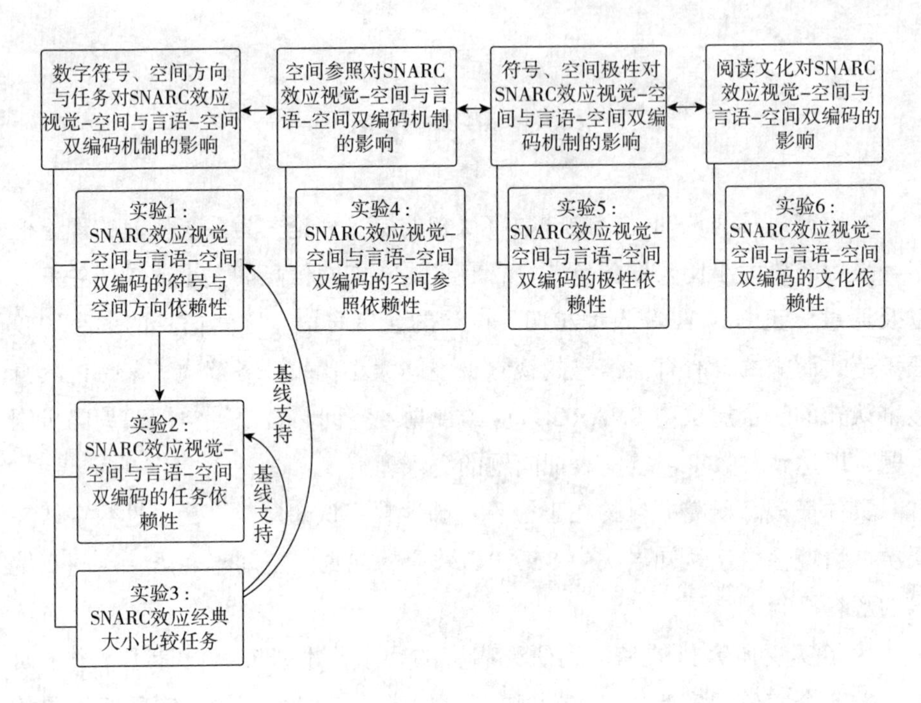
数字符号、空间方向与任务对SNARC效应视觉-空间与言语-空间双编码机制的影响
空间参照对SNARC效应视觉-空间与言语-空间双编码机制的影响
符号、空间极性对SNARC效应视觉-空间与言语-空间双编码机制的影响
阅读文化对SNARC效应视觉-空间与言语-空间双编码的影响
实验1：SNARC效应视觉-空间与言语-空间双编码的符号与空间方向依赖性
实验4：SNARC效应视觉-空间与言语-空间双编码的空间参照依赖性
实验5：SNARC效应视觉-空间与言语-空间双编码的极性依赖性
实验6：SNARC效应视觉-空间与言语-空间双编码的文化依赖性
基线支持
实验2：SNARC效应视觉-空间与言语-空间双编码的任务依赖性
基线支持
实验3：SNARC效应经典大小比较任务

图 4-2　研究方案路线图

第 5 章

SNARC 效应视觉 - 空间与言语 - 空间双编码机制实验研究

5.1　实验1：SNARC效应视觉–空间与言语–空间双编码的符号与空间依赖性

虽然视觉–空间与言语–空间双编码可以很好地解释SNARC效应，但是这一解释仅限于阿拉伯数字符号的水平SNARC效应中。先前的研究（Hung et al.，2008）基于视觉–空间编码（心理数字线）解释机制的研究，曾证明在SNARC效应研究中相同的被试执行相同的实验任务，仅实验任务中的数字刺激符号（阿拉伯数字、中文简体数字、中文繁体数字）不同，即产生不同的实验结果。对于中国被试而言，阿拉伯数字和中文简体数字符号一般在文本中是自左向右排列，这两种文字有时会出现在自上而下垂直排列的文本中。中文繁体数字符号一般会出现在自左向右的财务交易中，有时会出现在自上而下垂直排列的文本中。另外，阿拉伯数字或者文字性的数字符号通常是文化的产物。对不同数字符号的加工机制解释可能会不同（Cao and Li，2010；Cohen Kadosh et al.，2007；Holloway，Price，and Ansari，2010）。一方面，视觉–空间与言语–空间双编码的解释是否同样适用于中文简体数字和中文繁体数字符号有待检验；另一方面，垂直的数字空间表征可能独立于水平的数字空间表征，也就是说，水平数字空间表征与垂直数字空间表征的解释机制可能也不相同（Shaki and Fischer，2012）。因此，视觉–空间与言语–空间编码的解释是否也适用于垂直方向的SNARC效应同样有待检验。

5.1.1 实验1a

1. 研究目的

采用含有言语–空间信息的大小比较任务检验水平SNARC效应的视觉–

空间与言语–空间双编码解释是否适用于中文简体数字和中文繁体数字符号。由于中国被试对阿拉伯数字、中文简体数字和中文繁体数字的阅读和写作习惯均以水平方向的自左向右的方向为主，因此研究假设如下：中国被试的水平SNARC效应的视觉–空间与言语–空间双编码解释在三种数字符号中均适用。

2. 研究方法

（1）被试

30名湖州师范学院的大学生应招参加实验，其中男生11人，女生19人，被试年龄在19～23岁，平均年龄为*M*=21.0岁，*SD*=1.23岁。所有被试均为右利手，且视力正常或矫正视力正常。所有被试此前均未参加过类似实验，在实验前均不知道实验的真实目的。实验结束后，被试可得到20元人民币或者价值20元左右的小礼物作为报酬。

（2）实验设计

采用3（数字符号：阿拉伯数字、中文简体数字、中文繁体数字）×2（词序：词序为正、词序为逆）×2（反应位置：反应位置为正、反应位置为逆）的被试内设计。词序为正是指反应词“左”呈现在目标刺激的左侧，“右”呈现在目标刺激的右侧；词序为逆是指反应词“右”呈现在目标刺激的左侧，“左”呈现在目标刺激的右侧。反应位置为正是指小数字需用左手按键反应，大数字需用右手按键反应；反应位置为逆是指小数字需用右手按键反应，大数字需用左手按键反应。阿拉伯数字是指目标刺激以阿拉伯数字形式（如1、2、3）呈现；中文简体数字是指目标刺激以中文简体数字形式（如一、二、三）呈现；中文繁体数字是指目标刺激以中文繁体数字形式（如壹、贰、叁）呈现。因变量为反应时和错误率。

（3）实验仪器和材料

实验使用运行Microsoft–Windows XP系统的奔腾4电脑主机，分辨率为800×600、刷新率为75 Hz的17英寸显示器和QWERTY标准键盘。采用E–Prime 1.1编制程序，呈现和收集反应时和错误率数据。反应时以接近千分之一秒的级别记录。被试坐在电脑正前方，眼睛距离屏幕保持65 cm。实验以10磅Arial字体的井号“#”为注视点。目标刺激为三种数字符号形式的数字（1～9除去5之外的数字），即阿拉伯数字（分别是1，2，3，4，6，7，8，9）、中文简体数字（分别是一、二、三、四、六、七、八、九）和中文繁体数字（分别是壹、贰、叁、肆、陆、柒、捌、玖）。反应键为标准QWERTY键盘上的“A”和“L”键。

（4）实验程序

在3种数字符号条件中，被试均需要执行含有2个block的大小比较任务，这2个block分别对应实验任务中与5进行比较时的不同反应组合。对每一种数字符号而言，被试均被要求把他们的左手食指和右手食指分别放在对应的“A”键和“L”键上进行反应。每个block的实验共包括40个trial。在每个实验trial开始时，显示屏正中间均呈现“#”号注视点750 ms，随后，反应词“左”和“右”出现在显示屏上。其中，20个trial的反应词依词序为正条件呈现，即以“左 右”的形式呈现，另外20个trial的反应词依词序为逆条件呈现，即以“右 左”的形式呈现。词序为正和词序为逆的条件随机呈现。随后出现目标刺激，目标刺激呈现和反应词呈现之间采用固定的时间间隔（SOA）。每个目标刺激呈现40次，其中20次词序为正，即反应词“左”在目标刺激的左边，“右”出现在目标刺激的右边。20次词序为逆，即反应词“左”在目标刺激的右边，“右”出现在目标刺激的左边，并要求被试对呈现的目标刺激进行比较。在block 1中，若目标刺激小于5，则要求被试对反应词“左”对应的一侧的键进行按键反应；若目标刺激大于5，则要求被试对反应词“右”对应的一侧的键进行按键反应。由于在实验的每个block中，词序为正和词序为逆的条件随机出现，因此被试可能需要对“A”或“L”进行按键反应。block 2与block 1的反应映射（mapping）完全相反，即若目标刺激小于5，则要求被试对反应词“右”对应的一侧的键进行按键反应；若目标刺激大于5，则要求被试对反应词“左”对应的一侧的键进行按键反应。被试反应之后，持续1 000 ms的空白屏，然后进入下一个新的trial（图5-1）。每个任务用时约20 min。被试每次实验仅需要完成三种数字符号实验中的一个实验，且任何两种数字符号实验之间的时间间隔至少为2天。三种数字符号实验的顺序和两种block的顺序均在被试之间进行了平衡。

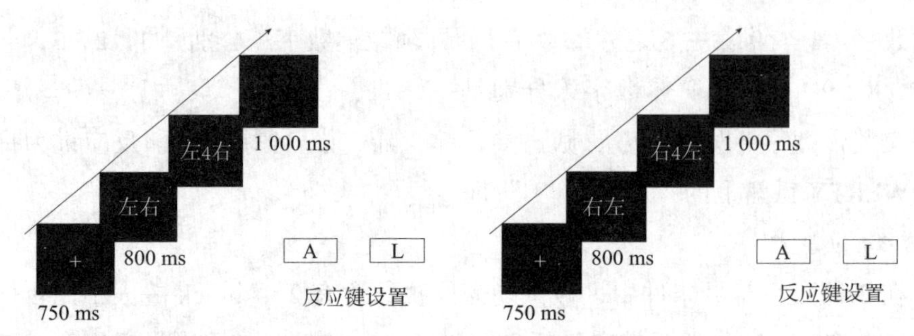

图 5–1　实验 1a 流程图

3. 研究结果与分析

（1）方差分析结果

采用 SPSS 18.0 分别对平均反应时和错误率进行统计分析。先通过统计获得总体平均错误率为 7.2%，删除反应错误的 trial 后，再以大于或者小于反应时的 2 个标准差为标准，剔除极端数据，进一步剔除的极端数据占 2.7%。对错误反应进行 3（数字符号：阿拉伯数字、中文简体数字、中文繁体数字）× 2（词序：词序为正、词序为逆）× 2（反应位置：反应位置为正、反应位置为逆）重复测量方差分析，结果显示，错误率数据的主效应和交互效应均没有达到显著性水平（*Ps*>0.05）。

对正确反应的反应时进行 3（数字符号：阿拉伯数字、中文简体数字、中文繁体数字）× 2（词序：词序为正、词序为逆）× 2（反应位置：反应位置为正、反应位置为逆）重复测量方差分析。实验结果如表 5–1 和图 5–2 所示。由含有言语 – 空间信息的大小比较任务可知，视觉 – 空间编码预测了方差分析中的反应位置主效应。视觉 – 空间与言语 – 空间双编码解释预测了方差分析中的反应位置和词序的交互作用。本实验重复测量方差分析结果表明，数字符号主效应显著，*F*（2，58）=11.16，*P*=0.001，η_p^2 =0.60。被试对阿拉伯数字（*M*=798 ms，*SD*=52.18）的反应时快于中文繁体数字 [*M*=1 039 ms，*SD*=57.39；*F*（1，29）=1.36，*P*=0.002，η_p^2 =0.41] 和中文简体数字 [*M*=791 ms，*SD*=43.09，*F*（1，29）=1.37，*P* < 0.001，η_p^2=0.41]。词序主效应显著，*F*（1，29）=9.086，*P*=0.008，η_p^2 =0.36，词序为正条件下的反应时（*M*=860 ms，

SD=41.46）快于词序条件为逆的反应时（M=893 ms，SD=38.52），F（1，29）=9.086，P=0.008，η_p^2=0.36。反应位置主效应不显著（$F < 1$）。重要的是，言语－空间和视觉－空间的交互作用显著，F（1，29）=7.616，P=0.014，η_p^2=0.32。在词序为正条件下，反应位置为正的反应时（M=810 ms，SD=40.09）快于反应位置为逆的反应时（M=910 ms，SD=52.11），F（1，29）=5.65，P=0.003，η_p^2=0.26；相反，在词序为逆的条件下，反应位置为正的反应时（M=948 ms，SD=46.01）慢于反应位置为逆的反应时（M=837 ms，SD=38.84），F（1，29）=9.49，P=0.007，η_p^2=0.37。

表5-1　词序正常和异常情况下身体正序和身体逆序的反应时

单位：ms

数字符号	词序为正		词序为逆	
	身体正序	身体逆序	身体正序	身体逆序
阿拉伯数字	779（35.2）	819（43.9）	854（44.6）	739（33.5）
中文简体数字	700（29.7）	846（48.3）	881（47.1）	735（31.9）
中文繁体数字	950（39.6）	1 064（47.9）	1 109（47.4）	1 034（33.6）

注：括号内的数字为标准差，下同。

随后的分析显示，言语－空间 × 视觉－空间交互作用在三种数字符号条件下均显著（$Ps < 0.05$）。对三种数字符号而言，在词序为正的条件下，反应位置为正的反应时均快于反应位置为逆的反应时（$Ps < 0.05$）；相反，在词序为逆的条件下，反应位置为正的反应时均慢于反应位置为逆的反应时（$Ps < 0.05$）。反应位置 × 数字符号交互作用边缘显著，F（2，58）=3.139，P=0.060，η_p^2=0.31，词序 × 数字符号交互作用不显著，F（2，58）=3.130，P=0.073，η_p^2=0.30。反应位置 × 词序 × 数字符号三元交互作用不显著，F（2，58）=0.615，P=0.554，η_p^2=0.01。可见，三种数字符号的结果均支持 SNARC 效应的视觉－空间与言语－空间双编码解释。对阿拉伯数字、中文简体数字、中文繁体数字而言，言语－空间编码与视觉－空间编码共同作用均产生 SNARC 效应，其中言语－空间编码更占优势。

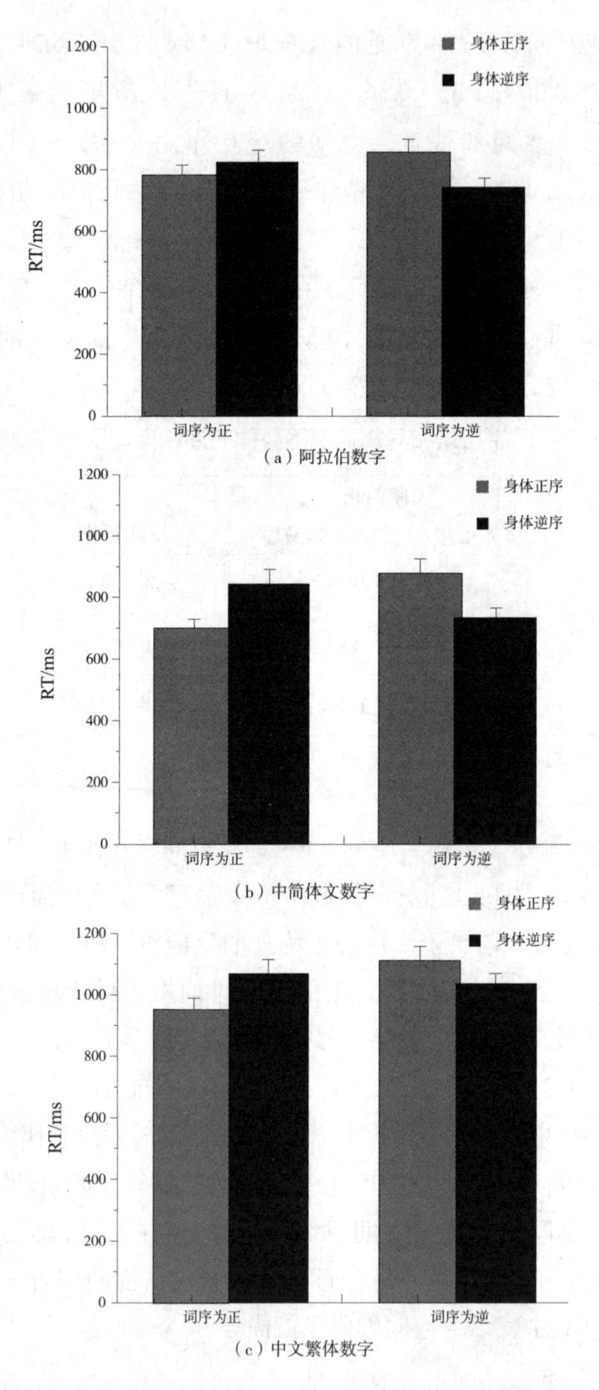

图 5-2　水平方向词序为正和词序为逆条件下身体正序和身体逆序的反应时

（2）回归分析结果

按照Fias等（1996）采用的经典的回归统计思路，结合实验1 a的实验设计，对三种数字符号分别进行词序为正和词序为逆条件下的线性回归分析。以每个目标刺激数字为预测变量，以对相同目标刺激数字的右手反应时减去左手反应时后所得的反应时差（dRT）作为预测变量，以回归斜率作为SNARC效应的指标，进行回归分析，结果如图5–3所示。阿拉伯数字在词序为正条件下的回归斜率为–40.72 ms/digit（*SD*=6.95，range：–54.41 ～ 27.03），在词序为逆条件下的回归斜率为39.26 ms/digit（*SD*=7.09，range：25.29 ～ 53.23）；中文简体数字在词序为正条件下的回归斜率为–41.97 ms/digit（*SD*=7.84，range：–57.41 ～ –26.53），在词序为逆条件下的回归斜率为57.31 ms/digit（*SD*=9.13，range：39.32 ～ 75.30）；中文繁体数字在词序为正条件下的回归斜率为–38.16 ms/digit（*SD*=9.00，range：–55.89 to –20.42），词序为逆条件下的回归斜率为32.14 ms/digit（*SD*=32.14，range：14.28 ～ 50.01）。根据视觉－空间编码解释，在词序为正条件和词序为逆条件下，均会出现负的SNARC效应斜率。根据视觉－空间与言语－空间双编码的解释，在词序为正条件下会出现负的SNARC效应斜率，而在词序为逆条件下将出现正的SNARC效应斜率。对三种数字而言，在词序为逆条件下均出现了显著的SNARC效应。其中，阿拉伯数字回归曲线的显著性检验标准为t（29）=–5.86，$P < 0.001$；中文简体数字回归曲线的显著性检验标准为t（29）=–5.35，$P < 0.001$；中文繁体数字回归曲线的显著性检验标准为t（29）=–4.24，$P < 0.001$。

相反，三种数字符号在词序为逆条件下均出现了反转的SNARC效应。其中，阿拉伯数字回归曲线的显著性检验标准为t（29）=5.54，$P < 0.001$；中文简体数字回归曲线的显著性检验标准为t（29）=6.28，$P < 0.001$；中文繁体数字回归曲线的显著性检验标准为t（29）=3.55，$P < 0.001$。随后的分析显示，三种数字符号在词序为正和词序为逆条件下的回归斜率的差异均显著，阿拉伯数字：F（1，29）=45.22，$P < 0.001$，η_p^2=0.79；中文简体数字：F（1，29）=42.56，$P < 0.001$，η_p^2=0.78；中文繁体数字：F（1，29）=15.03，P=0.002，η_p^2=0.56。在词序为正与词序为逆条件下，三种数

字符号两两之间的回归斜率差异均不显著（$Fs < 1$）。三种数字符号在词序为正条件下的回归斜率均为负，在词序为逆条件下的回归斜率均为正。这一研究结果与上述方差分析结果一致，两者共同支持了 SNARC 效应中视觉 - 空间与言语 - 空间双编码解释。

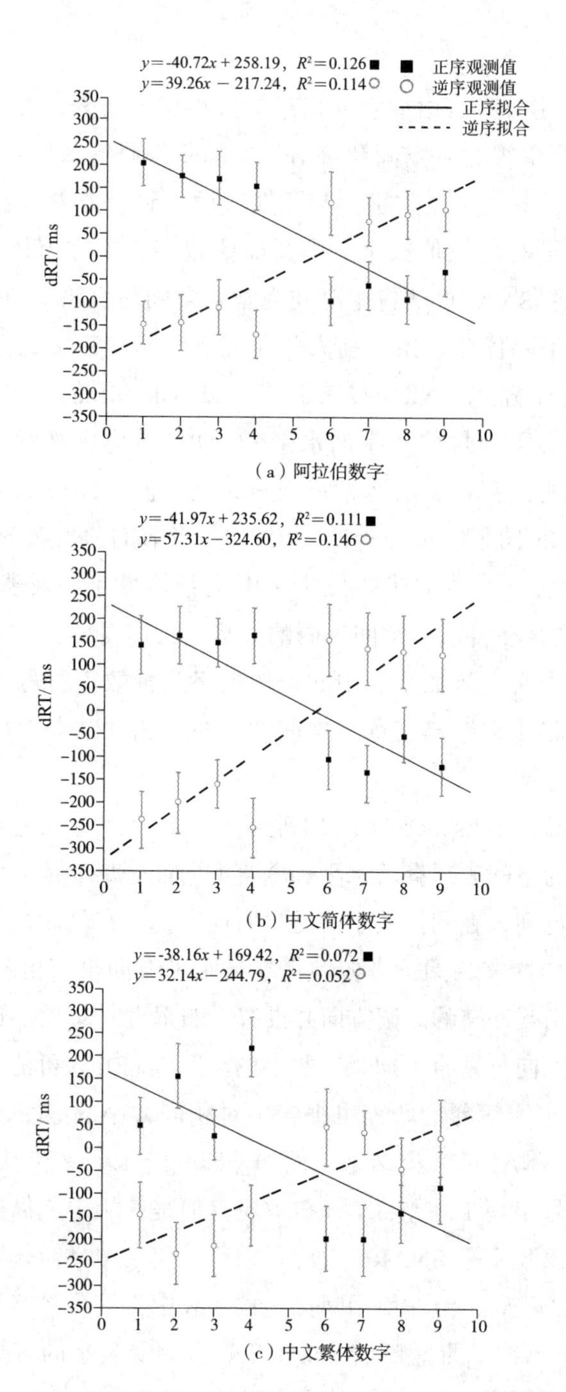

图 5-3　水平方向词序为正和词序为逆条件下的回归曲线

4. 讨论

实验1a采用含有言语－空间信息的大小比较任务，检验了水平方向上的SNARC效应中视觉－空间和言语－空间双编码解释适用于阿拉伯数字、中文简体数字、中文繁体数字。与预期假设一致，方差分析与回归分析的结果共同证实了对阿拉伯数字、中文简体数字、中文繁体数字符号而言，中国被试在水平SNARC效应中存在视觉－空间与言语－空间双编码解释，且言语－空间编码优势。由于前人的研究已表明，数字的空间表征并不是唯一的数字表征方式（Nunez，Doan，and Nikoulina，2011），并且前人的研究已经证实了阿拉伯数字的水平SNARC效应中视觉－空间与言语－空间双编码方式的存在（潘运、黄玉婷、赵守盈，2013；潘运等，2013；Gevers et al.，2010；Imbo et al.，2012）。当前的研究发现，对中国被试而言，阿拉伯数字、中文简体数字、中文繁体数字三种数字符号的水平SNARC效应均存在言语－空间编码的优势。具体而言，在水平方向上，在阿拉伯数字、中文简体数字、中文繁体数字三种数字符号条件下，中国被试均是更多地将小数字与言语－空间的“左”相联结，大数字与言语－空间的“右”相连接。

然而，Shaki和Fischer（2012）基于心理数字线（视觉－空间解释）的研究发现数字的空间表征存着水平和垂直方向的分离。他们的研究以以色列人为被试，以色列人在阅读文字时是自右向左的，在阅读数字时是自左向右的。在水平方向冲突的阅读方向习惯导致水平方向没有出现SNARC效应，但是水平方向相互冲突的阅读方向并没有影响垂直方向SNARC效应的出现。这说明在水平方向与垂直方向上，数字的空间编码方式可能会有所区别。先前基于心理数字线解释的研究也报告了对相同大小的数字使用不同数字符号得出不同的SNARC效应结果。例如，Hung、Tzeng和Wu（2008）使用阿拉伯数字符号出现了水平SNARC效应，但是使用中文简体数字和中文繁体数字均没有出现水平SNARC效应。相反，使用中文简体数字符号出现了垂直的SNARC效应，但是使用阿拉伯数字和中文繁体数字均未出现垂直的SNARC效应。这些结果意味着SNARC效应会受数字的符号形式与数字表征方向的影响。同样，SNARC效应中视觉－空间与言语－空间双编码解释也可能会受数字符号形式与数字空间表征方向的影响。实验 1b 将对这一问题进行探讨。

5.1.2 实验 1b

1. 研究目的

本实验将要验证的是在阿拉伯数字、中文简体数字和中文繁体数字这三种数字符号条件下，在水平 SNARC 效应中适用的视觉 – 空间与言语 – 空间双编码解释是否适用于垂直SNARC效应。此外，对于这三种数字符号而言，在垂直方向上是否会出现小数字与言语 – 空间“上”、大数字与言语 – 空间“下”的联结，或是否会出现小数字与言语 – 空间“下”、大数字与言语 – 空间“上”的联结。对于中国被试而言，阿拉伯数字和中文简体数字经常出现在水平方向的文本中，中文繁体数字有时会出现在水平方向的金融交易文字中，有时会出现在垂直方向的中文繁体文本中。研究假设如下：中国被试垂直 SNARC 效应中视觉 – 空间与言语 – 空间双编码解释仅适用于中文繁体数字，且在中文繁体数字的 SNARC 效应中，言语 – 空间编码解释占优势。另外，中文繁体垂直SNARC效应中若言语 – 空间编码占优势，由于受言语 – 空间隐喻信息的影响（如 more is up），在中文繁体数字与言语 – 空间编码的联合方向上，可能会出现小数字与言语 – 空间“下”相联结、大数字与言语 – 空间“上”相联结的趋势。

2. 研究方法

（1）被试

重新招募 36 名湖州师范学院的大学生参加实验，其中男生 19 人，女生 17 人，被试年龄范围在 19 ～ 23 岁，平均年龄为 M=21.0 岁，SD=1.22 岁。所有被试均为右利手，且视力正常或矫正实力正常。所有被试此前均未参加过类似实验，在实验前均不知道实验的真实目的。实验结束后，被试可得到 20 元人民币或者价值 20 元左右的小礼物作为报酬。

（2）实验设计

采用 3（数字符号：阿拉伯数字、中文简体数字、中文繁体数字）×2（词序：词序为正、词序为逆）×2（反应位置：反应位置为正、反应位置为逆）×2（左右手的垂直设置：左手在上、右手在上）的混合设计。其中，数字符号、视觉－空间、言语－空间均为被试内设计，左右手的空间设置为被试间设计。词序为正是指反应词“上”呈现在目标刺激的上端，“下”呈现在目标刺激的下端；词序为逆是指反应词“上”呈现在目标刺激的下端，“下”呈现在目标刺激的上端。反应位置为正是指小数字需用键盘上端的手按键反应，大数字需用键盘下端的手按键反应；反应位置为逆是指小数字需用键盘下端的手按键反应，大数字需用键盘上端的手按键反应。阿拉伯数字是指目标刺激以阿拉伯数字形式（如1，2，3）呈现；中文简体数字是指目标刺激以中文简体数字形式（如一、二、三）呈现；中文繁体数字是指目标刺激以中文繁体数字形式（如壹、贰、叁）呈现。设计左右手的垂直设置变量的目的是平衡实验中左、右手与垂直方向上、下的交互作用影响。左手在上是指被试左手放置在逆时针90° 旋转的反应键盘上端的L键上，右手放置在逆时针90° 旋转的反应键盘下端的A键上；右手在上是指被试右手放置在逆时针90° 旋转的反应键盘上端的L键上，左手放置在逆时针90° 旋转的反应键盘下端的A键上。因变量为反应时和错误率。

（3）实验仪器和材料

实验仪器和材料除了以下内容更改外，其余内容均与实验1a相同。第一，言语标签“左”和“右”分别更改为“上”和“下”；第二，垂直条件下，将标准的QWERTY键盘逆时针旋转90° （Shaki and Fischer，2012）。

（4）实验程序

实验程序同样除了以下内容更改之外，其余内容也与实验1a相同。第一，反应键垂直设置。第二，在一个block中，当数字小于5时被试，被要求按与言语标签“上”相对应的反应键，当数字大于5时，按与言语标签“下”相对应的反应键；在另一个block中，当数字小于5时，被试被要求按与言语标签“下”相对应的反应键，当数字大于5时，按与言语标签“上”相对应的反应键。第三，为了平衡误差，一半的被试左手在上，右手在下，即左手食指放置在L键上，右手食指放置在A键上；相反，另一半的被试左手在下，右手在上，即左手食指放置在A键上，右手食指放置在L键上。具体实验流程如图5–4所示。

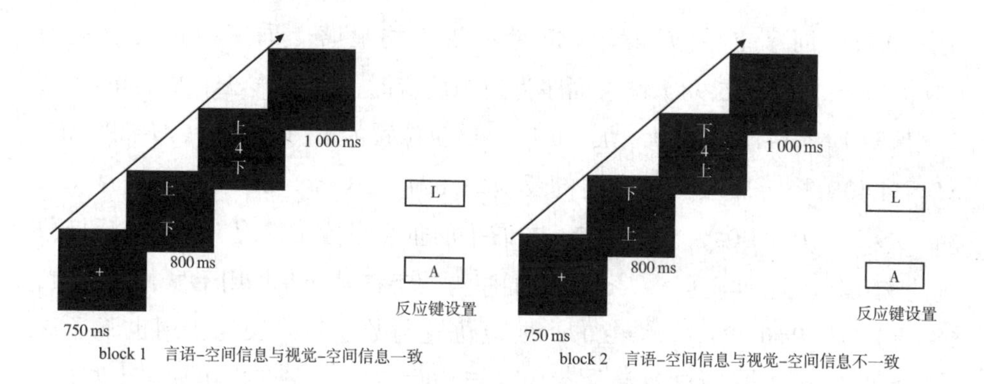

图 5–4　实验 1b 流程图

3. 研究结果与分析

（1）方差分析结果

对平均反应时和错误率进行 3×2×2×2 混合测量方差分析。被试内变量为数字符号（阿拉伯数字、中文简体数字、中文繁体数字）、词序（词序为正表示言语标签“上”呈现在目标刺激的上端，“下”呈现在目标刺激的下端；词序为逆表示言语标签“上”呈现在目标刺激的下端，“下”呈现在目标刺激的上端）、反应位置（与被试的垂直阅读方向一致，反应位置为正表示小数字用键盘上端的食指反应，大数字用键盘下端的食指反应；反应位置为逆表示小数字用键盘下端的食指反应，大数字用键盘上端的食指反应）。被试间变量为左右手的垂直设置（左手在上是指被试左手放置在逆时针 90° 旋转的反应键盘上端的 L 键上，右手放置在逆时针 90° 旋转的反应键盘下端的 A 键上；右手在上是指被试右手放置在逆时针 90° 旋转的反应键盘上端的 L 键上，左手放置在逆时针 90° 旋转的反应键盘下端的 A 键上）。总错误率为 7.9%。按照与实验 1 a 相同的极端数据处理标准，剔除的极端反应时为 2.8%。错误率方差分析的主效应与交互效应均不显著（$Ps > 0.05$）。

与实验 1a 相似，对正确反应时进行方差分析。实验结果见表 5–2 和图 5–5 所示。结果显示，数字符号主效应显著，$F(2, 68)=13.87$，$P < 0.001$，$\eta_p^2=0.46$。被试对中文繁体数字（M=1 017 ms，SD=47.21）的反应慢于阿拉伯数字（M=876 ms，SD=39.26），$F(1, 35)=1.19$，$P=0.001$，$\eta_p^2=0.41$，中文简体数字（M=835 ms，SD=33.73），$F(1, 35)=1.26$，$P < 0.001$，

η_p^2=0.41。词序主效应和反应位置主效应均显著。词序为正的反应时（*M*=898 ms，*SD*=35.98）快于词序为逆的反应时（*M*=920 ms，*SD*=36.41），*F*（1,34）=5.14,*P*=0.030，η_p^2=0.14；反应位置为正的反应时（*M*=896 ms，*SD*=34.40）快于反应位置为逆的反应时（*M*=923 ms，*SD*=37.88），*F*（1，34）=9.35，*P*=0.004，η_p^2=0.22。左右手的垂直设置主效应、词序与反应位置的交互作用均不显著（*F* < 1）。词序与数字符号交互作用不显著，*F*（1，68）=1.27，*P*=0.294，η_p^2=0.07，反应位置与数字符号交互作用也不显著（*F* < 1）。然而，数字符号、词序、反应位置三元交互作用显著，*F*（2，68）=9.62，*P*=0.001，η_p^2=0.38。

表5-2　垂直方向词序正常和异常情况下身体正序和身体逆序的反应时

单位：ms

数字符号	词序为正		词序为逆	
	身体正序	身体逆序	身体正序	身体逆序
阿拉伯数字	855（36.1）	882（47.0）	882（46.1）	887（40.7）
中文简体数字	819（31.5）	852（44.5）	831（42.5）	837（32.8）
中文繁体数字	1 009（39.5）	971（48.6）	978（45.4）	1 108（45.8）

进一步统计分析显示，当对三种数字符号分别进行统计分析时，仅中文繁体数字的词序与反应位置交互作用显著，*F*（1，35）=5.342，η_p^2=0.11，*P*=0.050；阿拉伯数字与中文简体数字的词序与反应位置交互作用并不显著（*Fs* < 1）。与预计的相反，中文繁体数字在词序为正的条件下，反应位置为逆的反应时（*M*=971 ms，*SD*=48.26）快于反应位置为正的反应时（*M*=1 039 ms，*SD*=43.76），*F*（1，35）=6.78，*P*=.051，η_p^2=0.12；在词序为逆的条件下，反应位置为正的反应时（*M*=978 ms，*SD*=49.33）快于反应位置为逆的反应时（*M*=1 108 ms，*SD*=65.79），*F*（1，35）=6.78，*P*=0.014，η_p^2=0.17。具体而言，在词序为正的条件下，被试下端（言语标签为“下”）的手对小数字的反应快于对大数字的反应，上端（言语标签为“上”）的手对大数字的反应快于对小数字的反应。在词序为逆的条件下，数字－空间的映射正好相反，即被试上端（言语标签为“下”）的手对小数字的反应快于对大数字的反应，下端（言语标签为“上”）的手对大数字的反

应快于对小数字的反应。总之，阿拉伯数字和中文简体数字的垂直 SNARC 效应支持了视觉 – 空间编码解释，中文繁体数字则支持了视觉 – 空间和言语 – 空间编码的解释。

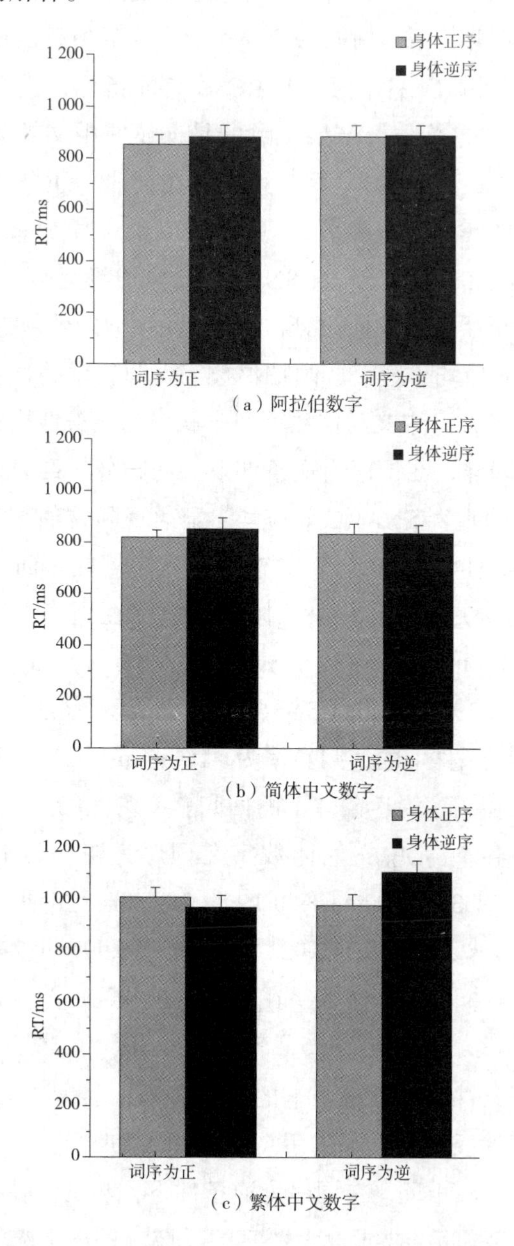

图 5–5　垂直方向词序为正和词序为逆条件下身体正序和身体逆序的反应时

（2）回归分析结果

与实验1a相同，对垂直方向的三种数字符号分别进行词序为正和词序为逆条件下的线性回归分析。同样以每个目标刺激数字为预测变量，以对相同目标刺激数字的下端手反应时减去上端手反应时后所得的反应时差（dRT）作为预测变量，以回归斜率作为SNARC效应的指标，进行回归分析，结果如图5-6所示。与方差分析结果一致的是，仅在中文繁体数字符号条件下，言语-空间编码解释证据显著。其中，在词序为正条件下的回归分析结果显示，垂直SNARC效应显著，$t(35)=-4.572$，$P<0.001$；在词序为逆条件下的回归分析显示，垂直SNARC效应边缘显著，$t(35)=1.942$，$P=0.05$。在词序为正条件下的回归分析结果显示，阿拉伯数字和中文简体数字的垂直SNARC效应均不显著，阿拉伯数字回归斜率的显著性检验标准为$t(31)=1.77$，$P=0.078$，中文简体数字回归斜率的显著性检验标准为$t(31)=1.78$，$P=0.076$。同样，在词序为逆条件下的回归分析结果显示，阿拉伯数字和中文简体数字的垂直SNARC效应均不显著，阿拉伯数字回归斜率的显著性检验标准为$t(31)=0.89$，$P=0.373$，中文简体数字回归斜率的显著性检验标准为$t(31)=0.76$，$P=0.448$。阿拉伯数字在词序为正条件下的回归斜率为-11.29 ms/digit（$SD=6.38$，range：-23.85～1.26），在词序为逆条件下的回归斜率为5.39 ms/digit（$SD=6.07$，range：-6.57～17.35）；中文简体数字在词序为正条件下的回归斜率为-10.65 ms/digit（$SD=5.98$，range：-22.42～1.12），在词序为逆条件下的回归斜率为4.03 ms/digit（$SD=5.30$，range：-6.41～14.47）；中文繁体数字在词序为正条件下的回归斜率为14.30 ms/digit（$SD=7.36$，range：-0.19～28.79），在词序为逆条件下的回归斜率为-41.24 ms/digit（$SD=9.02$，range：-58.99～-23.49）。

随后的分析显示，中文繁体数字在词序为正和词序为逆条件下的回归斜率的差异显著，$F(1,35)=14.856$，$P=0.002$，$\eta_p^2=0.55$。与方差分析结果一致，在词序为正条件下，被试下端的手（言语标签为“下”）对小数字的反应快于对大数字的反应，上端的手（言语标签为“上”）对小数字的反应慢于对大数字的反应。相反，在词序为逆条件下，被试上端的手（言语标签为“上”）对小数字的反应快于对大数字的反应，被试下端的手（言语标签为“上”）对小数字的反应慢于对大数字的反应。

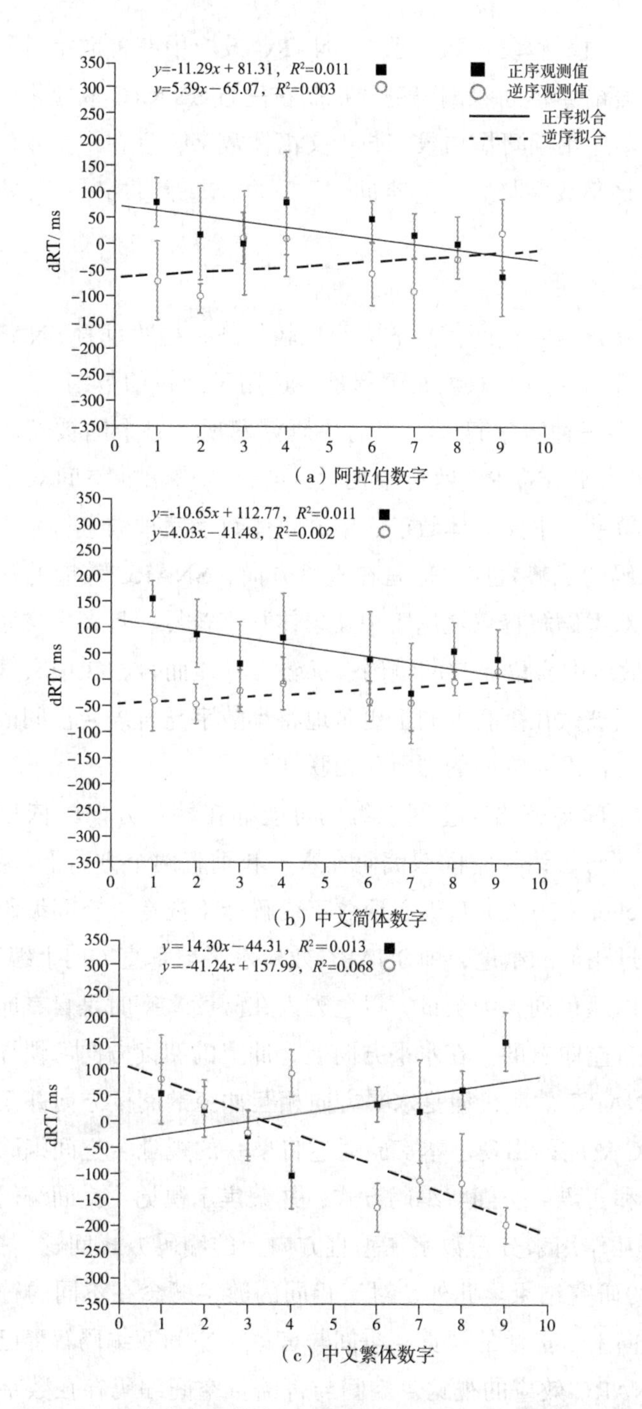

图 5–6　垂直方向词序为正和词序为逆条件下的回归曲线

总之，与预期假设一致，水平SNARC效应中三种数字符号均适用的视觉－空间与言语－空间双编码解释机制在垂直SNARC效应中仅适用于中文繁体数字，不适用于阿拉伯数字与中文简体数字，且在中文繁体数字符号条件下，被试将小数字与言语－空间“下”联结，大数字与言语－空间“上”相联结。

4. 讨论

采用含有言语－空间信息的大小比较任务，检验垂直SNARC效应中视觉－空间与言语－空间双编码解释是否适用于阿拉伯数字、中文简体数字、中文繁体数字三种数字符号。当前的研究发现，对中国被试而言，虽然实验1a证实了水平SNARC效应中视觉－空间与言语－空间双编码解释均适用于阿拉伯数字、中文简体数字、中文繁体数字三种数字符号，且表现出言语－空间编码的优势效应，但是在垂直方向，SNARC效应的视觉－空间与言语－空间双编码解释仅适用于中文繁体数字符号，且在中文繁体符号的垂直SNARC效应中言语－空间编码占优势。具体而言，在中文繁体数字符号条件下，中国被试在垂直方向上更多地将小数字与言语－空间的“下”相联结，大数字与言语－空间的“上”相联结。

视觉－空间与言语－空间双编码可能存在特定方向的依赖性，也就是说视觉－空间与言语－空间双编码在水平和垂直两个方向上可能是分离的。Shaki和Fischer（2012）基于心理数字线解释（视觉－空间编码解释）的研究也曾得出过相似的结论，即SNARC效应水平与垂直方向上编码存在区别。他们的研究以以色列人为被试，以色列人在阅读文字时是自右向左的，在阅读数字时是自左向右的。在水平方向上，冲突的阅读方向习惯导致水平方向没有出现SNARC效应，但是水平方向相互冲突的阅读方向并没有影响垂直方向SNARC效应的出现。本实验通过将单一的视觉－空间编码方式扩充为视觉－空间和言语－空间双编码方式，并聚焦于视觉－空间编码与言语－空间编码的相互作用来分析数字在垂直方向上的编码方式问题，扩展了Shaki和Fischer的研究结果。此外，对于相同的数字概念在不同的符号形式和不同的空间方向上，灵活的视觉－空间与言语－空间双编码解释已被证实。也就是说，SNARC效应的视觉－空间与言语－空间编码存在数字符号和空间方向特异性，它依赖数字符号及数字符号呈现的空间方向。

另外，实验 1a 和实验 1 b 中的言语信息标签“左”或者“右”、“上”或者“下”具有明显的水平和垂直的空间信息指向。这一特点直接影响了本实验中水平和垂直 SNARC 效应中的方向指向。虽然 Gevers 等人设计含有言语 – 空间信息的大小比较任务的初衷是防止实验任务中出现对言语 – 空间编码的反应偏好，且在 Gevers 等人和 Imbo 等人（2012）的研究中，方差分析的结果显示词序主效应均不显著，但在本实验中，实验 1a 和实验 1b 的方差分析结果均显示词序主效应显著。实际上，当被试被要求对言语标签反应而不是对空间信息反应时，这个反应要求可能已经创造了一个与其通常的语言加工和阅读加工（自左向右方向和自上而下的方向）相关的语境。尤其是当言语编码和视觉 – 空间信息相冲突时，被试需要时间来抑制视觉 – 空间信息，这就导致了对词序为逆序列比词序为正序列相对更慢的反应。Georges、Schiltz 和 Hoffmann（2015）对比了言语指导语条件下的水平 SNARC 效应，结果出现了视觉 – 空间与言语 – 空间双编码；而在视觉 – 空间指导语条件下，仅出现了视觉 – 空间编码。这一结果意味着含有言语 – 空间信息的大小比较实验任务中的言语指导语可能存在对言语 – 空间编码的偏好。可见，SNARC 效应中的视觉 – 空间与言语 – 空间双编码很有可能是由含有言语 – 空间信息的大小比较任务中存在对言语 – 空间编码的偏好导致的。如果实验范式中考虑到空间指导信息，并尽可能地去除实验任务中对言语 – 空间编码的偏好，阿拉伯数字、中文简体数字、中文繁体数字分别在水平和垂直方向 SNARC 效应中的视觉 – 空间与言语 – 空间双编码解释机制可能会受到影响。实验 2 将尝试对这一问题进行探讨。

5.2　实验 2：SNARC 效应言语 – 空间编码的任务依赖性

由实验 1 的研究结果可得，虽然 Gevers 等人设计的含有言语 – 空间信息的大小比较任务的初衷是防止实验任务中出现对言语 – 空间编码的反应偏好，且在 Gevers 等人和 Imbo 等人（2012）的研究中，方差分析的结果显示词序主效应均不显著，但实验 1a 和实验 1b 的方差分析结果显示词序主效应显著。Georges、Schiltz 和 Hoffmann（2015）对比了言语指导语条件和空间指导语条件下的水平 SNARC 效应，结果发现言语指导语条件下出现了视觉 – 空间与言语 – 空间双编码解释，且言语 – 空间编码占优势，这一结果支持了 Gevers 等人的观点。但在空间指导语条件下，仅出现了视觉 – 空间编码。这一结果意味着含有言语 – 空间信息的大小比较实验任务中的言语指导语可能存在着对言语 – 空间编码的偏好。可见，Gevers 等人设计的大小比较任务的实验范式可能并不能很好地控制实验任务对言语 – 空间编码的偏好。因此，实验 2 将尝试分别在水平方向和垂直方向改变实验任务，检验视觉 – 空间与言语 – 空间双编码解释是否受实验任务的影响。

5.2.1 实验 2a

1. 研究目的

通过水平方向上的视觉 – 空间指导任务范式实验检验 SNARC 效应中视觉 – 空间与言语 – 空间双编码的任务依赖性。如果视觉 – 空间指导任务范式下仍出现视觉 – 空间与言语 – 空间双编码机制，则说明 SNARC 效应的视觉 – 空间与言语 – 空间双编码不存在任务依赖性。反之，则说明 SNARC 效应的言语 – 空间编码存在任务依赖性。以往基于心理数字线解释（视觉 – 空间编码解释）的研究发现了实验任务对 SNARC 效应的影响。例如，Ito 和 Hatta（2004）以日本人为被试，采用奇偶判断任务，在垂直方向的 SNARC 效应中得出了与日语阅读和书写习惯相反的数字与空间的联结。但当采用含有言语 – 空间信息的大小比较任务时，未出现 SNARC 效应。所以，本研究假设如下：中国被试的水平方向的 SNARC 效应中视觉 – 空间与言语 – 空间双编码解释存在实验任务依赖性。当改变实验任务后，SNARC 效应结果将会发生改变。

2. 研究方法

（1）被试

重新招募了 30 名湖州师范学院的大学生参加实验。其中，男生 13 人，女生 17 人，被试的年龄范围在 20 ～ 22 岁，平均年龄 *M*=20.83 岁，*SD*=0.45 岁。所有的被试均为右利手，视力或者校正后的视力正常。所有被试此前均未参加过同类实验，也不知道实验的真实意图。实验结束后，被试会得到一定的课程学分或者价值20元左右的小礼物作为报酬。

（2）实验设计

与实验1a类似，本实验采用3（数字符号：阿拉伯数字、中文简体数字、中文繁体数字）×2（词序：词序为正、词序为逆）×2（反应位置：反应位置为正、反应位置为逆）的被试内设计。词序为正是指反应词“左”呈现在目标刺激的左侧，“右”呈现在目标刺激的右侧；词序为逆是指反应词“左”呈现在目标刺激的右侧，“右”呈现在目标刺激的左侧。反应位置为正是指小数字需用左手按键反应，大数字需用右手按键反应；反应位置为逆是指小数字需用右手按键反应，大数字需用左手按键反应。阿拉伯数字是指目标刺激以阿拉伯数字形式（如1，2，3）呈现；中文简体数字是指目标刺激以中文简体数字形式（如一、二、三）呈现；中文繁体数字是指目标刺激以中文繁体数字形式（如壹、贰、叁）呈现。因变量为反应时和错误率。

（3）实验材料

实验材料同实验1 a。

（4）实验程序

实验程序除以下条件外，其余均与实验1 a相同。在3种数字符号条件中，被试均需要执行含有2个block的大小比较任务，这2个block分别对应实验任务中与5进行比较时的不同反应组合。在block 1中，若目标刺激小于5，被试被要求不对言语信息进行反应，而是对左侧的键进行按键反应；若目标刺激大于5，被试被要求不对言语信息进行反应，而是对右侧的键进行按键反应。block 2与block 1的反应映射完全相反，即若目标刺激小于5，则要求被试不对言语信息进行反应，而是对右侧的键进行按键反应；若目标刺激大于5，则要求被试不对言语信息进行反应，而是对左侧的键进行按键反应。

3. 研究结果与分析

（1）方差分析结果

与实验1a相同，同样采用SPSS 18.0分别对平均反应时和错误率进行统计分析。先通过统计获得总体平均错误率为1.6%，删除反应错误的trial

后，再以大于或者小于反应时的 2 个标准差为标准，剔除极端数据，进一步剔除的极端数据占 4.6%。对错误反应进行 3（数字符号：阿拉伯数字、中文简体数字、中文繁体数字）×2（词序：词序为正、词序为逆）×2（反应位置：反应位置为正、反应位置为逆）重复测量方差分析。结果显示，错误率数据的主效应和交互效应均没有达到显著性水平（$Ps > 0.05$）。

对正确反应的反应时进行 3（数字符号：阿拉伯数字、中文简体数字、中文繁体数字）×2（词序：词序为正、词序为逆）×2（反应位置：反应位置为正、反应位置为逆）重复测量方差分析，结果如表 5-3 和图 5-7 所示。结果表明，数字符号主效应显著，$F(2, 58)=51.48$，$P < 0.001$，$\eta_P^2=0.79$。被试对阿拉伯数字（M=503 ms，SD=9.08），的反应快于中文繁体数字（M=587 ms，SD=17.39），$F(1, 29)=51.48$，$P < 0.001$，$\eta_p^2=0.41$；被试对中文简体数字（M=498 ms，SD=10.68）的反应快于中文繁体数字，$F(1, 29)=1.37$，$P < 0.001$，$\eta_p^2=0.41$。词序主效应不显著，$F(1, 29)=3.57$，P=0.069，$\eta_p^2=0.36$，词序为正条件下的反应时（M=527 ms，SD=8.65）与词序为逆条件下的反应时（M=533 ms，SD=9.54）不存在统计学意义上的差异。反应位置主效应显著，$F(1, 29)=16.57$，$P < 0.001$，$\eta_p^2=0.36$。被试对反应位置为正条件下的反应时（M=515 ms，SD=8.33）快于对反应位置为逆条件下的反应时（M=544 ms，SD=10.81）。言语－空间 × 视觉－空间的交互作用不显著，$F(1, 29)=2.71$，P=0.110，$\eta_p^2=0.09$。

表5-3　视觉-空间偏好任务中词序正常和异常情况下身体正序和身体逆序的反应时

单位：ms

数字符号	词序为正		词序为逆	
	身体正序	身体逆序	身体正序	身体逆序
阿拉伯数字	487（9.0）	517（11.7）	487（8.1）	521（12.2）
中文简体数字	490（11.0）	506（12.1）	488（10.0）	508（15.3）
中文繁体数字	566（10.2）	593（12.6）	570（10.9）	618（16.2）

随后的分析显示，词序 × 反应位置互作用在三种数字符号条件下均

不显著（$Ps > 0.05$）。词序 × 数字符号交互作用边缘显著，$F(2, 58)=3.94$，$P=0.059$，$\eta_p^2=0.11$，反应位置 × 数字符号交互作用不显著，$F(2, 58)=0.28$，$P=0.603$，$\eta_p^2=0.01$。词序 × 数字符号 × 反应位置三元交互作用不显著，$F(2, 58)=2.09$，$P=0.159$，$\eta_p^2=0.07$。可见，当实验任务中不存在言语－空间编码的反应偏好时，对阿拉伯数字、中文简体数字、中文繁体数字而言，均未出现视觉－空间与言语－空间双编码解释，仅出现了视觉－空间编码解释。

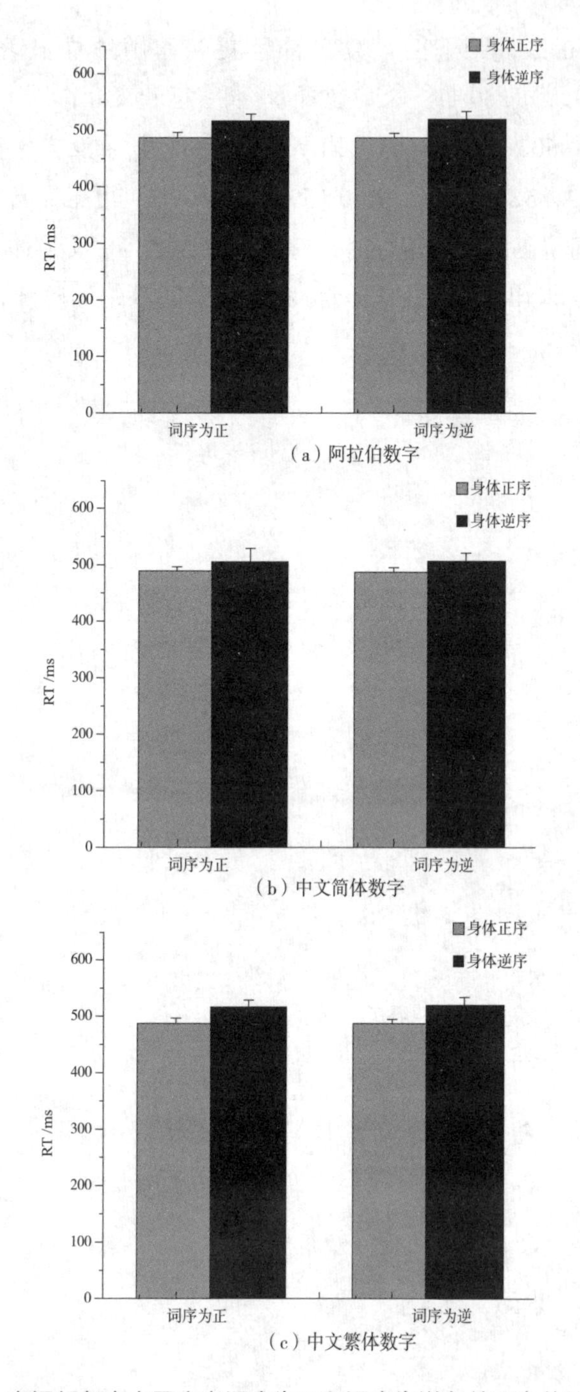

（a）阿拉伯数字

（b）中文简体数字

（c）中文繁体数字

图 5-7　视觉 – 空间任务中水平方向词序为正和词序为逆条件下身体正序和身体逆序的反应时

（2）回归分析结果

与实验1 a采用的回归分析相同，仍然是对三种数字符号分别进行词序为正和词序为逆条件下的线性回归分析。以每个目标刺激数字为预测变量，以对相同目标刺激数字的右手反应时减去左手反应时后所得的反应时差（dRT）为预测变量，以回归斜率为SNARC效应的指标，进行回归分析，结果如图5-8所示。阿拉伯数字在词序为正条件下的回归斜率为−8.78 ms/digit（*SD*=2.03，range：−12.78 ～ −4.79），在词序为逆条件下的回归斜率为−9.83 ms/digit（*SD*=2.15，range：−14.06 ～ −5.60）；中文简体数字在词序为正条件下的回归斜率为−4.93 ms/digit（*SD* =1.88，range：−8.64 ～ −1.23），在词序逆条件下的回归斜率为−6.94 ms/digit（*SD* =2.41，range：−11.69 ～ −2.18）；中文繁体数字在词序为正条件下的回归斜率为−8.96 ms/digit（*SD* =2.00，range：−12.90 ～ −5.03），词序为逆条件下的回归斜率为−15.32 ms/digit（*SD*=3.19，range：−21.61 ～ −9.03）。对三种数字而言，词序为正和词序为逆条件下均出现了显著的SNARC效应。其中，阿拉伯数字词序为正条件下回归曲线的显著性检验标准为 $t(29)=-4.33$、$P < 0.001$；词序为逆条件下回归曲线的显著性检验标准为 $t(29)=-4.58$，$P < 0.001$。中文简体数字词序为正条件下回归曲线的显著性检验标准为 $t(29)=-2.62$，$P < 0.001$；词序为逆条件下回归曲线的显著性检验标准为 $t(29)=-2.88$，$P < 0.001$。中文繁体数字词序为正条件下回归曲线的显著性检验标准为 $t(29)=-4.49$；词序为逆条件下回归曲线的显著性检验标准为 $t(29)=-4.80$，$P < 0.001$。随后的分析显示，三种数字符号在词序为正和词序为逆条件下的回归斜率的差异均不显著（$Fs < 1$）。同样，分别对词序为正与词序为逆条件下的三种数字符号两两之间的回归斜率差异进行检验，结果显示在词序为正和词序为逆条件下，三种数字两两之间的回归斜率均不显著（$Fs < 1$）。三种数字符号在词序为正和词序为逆条件下的回归斜率均为负。这一研究结果与上述方差分析结果一致，两者共同支持了SNARC效应的视觉－空间编码解释。

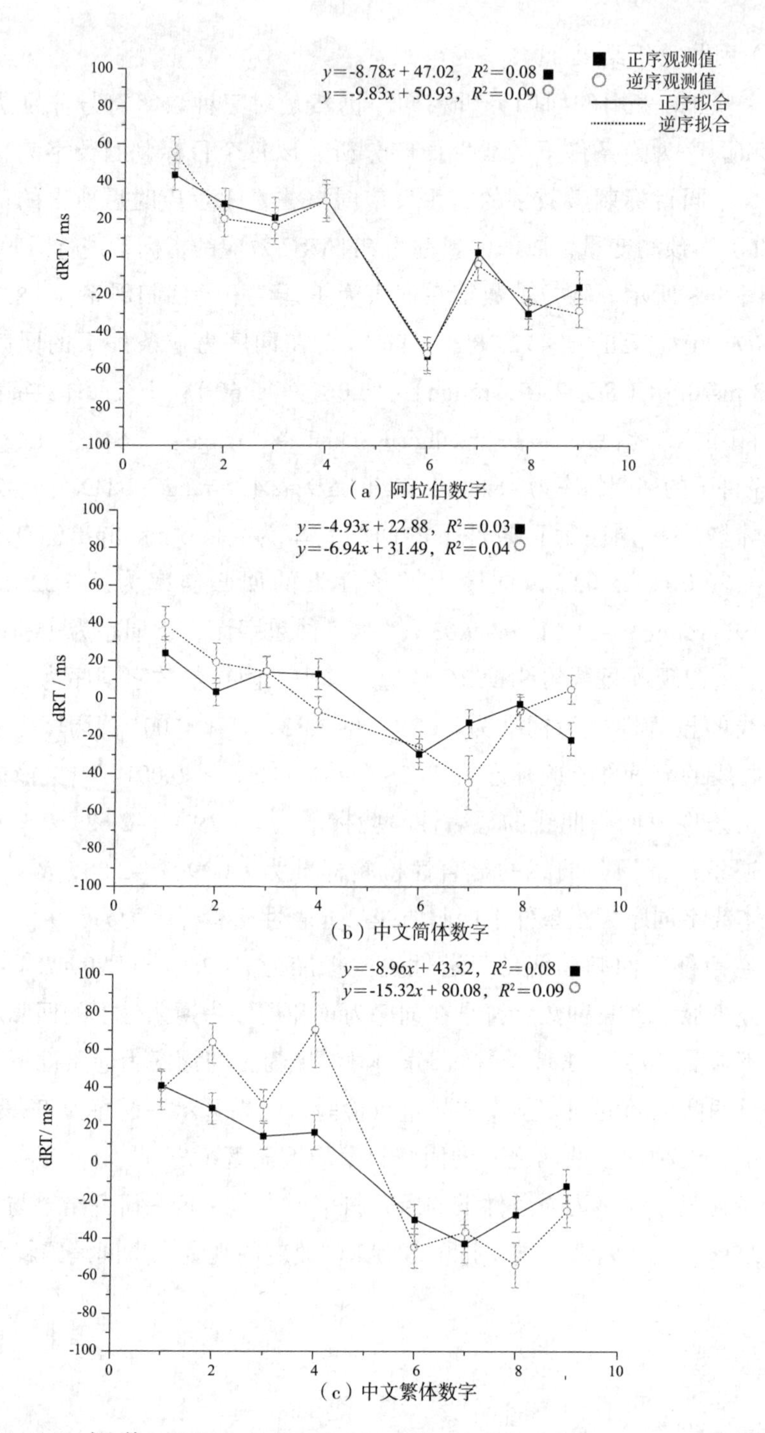

图 5-8 视觉 - 空间任务水平方向词序为正和词序为逆条件下的回归曲线

4. 讨论

实验 2a 采用排除对言语 – 空间信息偏好的大小比较实验任务，检验对阿拉伯数字、中文简体数字和中文繁体数字三种数字符号而言是否在水平 SNARC 效应中依然存在视觉 – 空间与言语 – 空间双编码解释。本实验方差分析与回归分析的结果共同证实了当实验任务中排除对言语 – 空间编码的反应偏好时，对于阿拉伯数字、中文简体数字、中文繁体数字符号而言，中国被试在水平 SNARC 效应中仅存在视觉 – 空间编码。

对中国被试开展的实验 1 a 与实验 2 a 结果共同证实了 Gevers 等人（2010）设计的含有言语 – 空间信息的大小比较任务存在对言语 – 空间编码的反应偏好。Georges、Schiltz 和 Hoffmann（2015）对比了言语指导条件和空间指导条件下的水平 SNARC 效应，结果发现当使用言语指导语时，水平 SNARC 效应中存在视觉 – 空间与言语 – 空间双编码，且以言语 – 空间编码为优势编码方式，但是当使用空间指导语时，水平 SNARC 效应中言语 – 空间编码消失。结合本实验的结果，进一步证实了水平方向言语 – 空间编码效应的出现极有可能是由含有言语信息的实验任务本身对言语信息的偏好造成的。

Van Dijck 等人（2012）分别对大脑损伤患者（含有视觉忽略和非视觉忽略两种情况）和健康控制组进行实线分半任务、数字区间平分任务、奇偶判断任务和大小比较任务实验，并使用主成分分析方法对数字 – 空间联合加工的机制进行研究，认为数字 – 空间联合不可能是由单一的潜在加工机制所决定的，数字 – 空间的联合应该是由多种不同的空间编码方式的激活而产生的，更准确地说是由任务依赖而激活的那些不同的编码机制相互作用而产生的。前人的同类研究（Galfano，Rusconi，and Umilta，2006；Ristic，Wrigh，and Kingstone，2006；Shaki and Gevers，2011）也证明，在数字 – 空间表征中，空间编码机制存在任务依赖性问题。

5.2.2 实验 2b

1. 研究目的

本实验将要验证的是对于阿拉伯数字、中文简体数字和中文繁体数字这三种数字符号，在实验任务中没有言语 – 空间编码偏好的前提下，是否在垂直SNARC效应中会出现视觉–空间与言语–空间双编码解释，且言语–空间编码占优势。此外，对于这三种数字符号而言，在垂直方向上是否会出现小数字与言语–空间“上”、大数字与言语–空间“下”的联结，或者，是否会出现小数字与言语–空间“下”、大数字与言语–空间“上”的联结。研究假设如下：中国被试的垂直方向SNARC效应言语–空间编码存在实验任务依赖，且在没有言语–空间信息偏好的影响下，中国被试会将小数字与视觉–空间的下端相联结，大数字与视觉–空间的上端相联结。

2. 研究方法

（1）被试

重新招募36名湖州师范学院的大学生参加实验，其中男生16人，女生20人，被试年龄范围为18～22岁，平均年龄为M=20.0岁，SD=1.02岁。所有被试均为右利手，视力正常或矫正视力正常。所有被试此前均未参加过同类实验，且在实验前均不知道实验的真实目的。实验结束后，被试会得到20元人民币或者价值20元左右的小礼物作为报酬。

（2）实验设计

与实验1 b类似，同样采用3（数字符号：阿拉伯数字、中文简体数字、中文繁体数字）×2（词序：词序为正、词序为逆）×2（反应位置：反应位置为正、反应位置为逆）×2（左右手的垂直设置：左手在上、右手在上）的混合设计。其中，数字符号、视觉–空间、言语–空间均为被试内设计，左右手的空间设置为被试间设计。词序为正是指反应词“上”呈现在目标刺激的上端，“下”呈现在目标刺激的下端；词序为逆是指反应词“上”呈现在目标刺激的下端，“下”呈现在目标刺激的上端。反应位置为正是指小数字需用左手按键反应，大数字需用右手按键反应；反应位置为逆是指小数字需用右手按键反应，大数字需用左手按键反应。阿拉伯数字是指目标刺激以阿拉伯数字形式（如1，2，3）呈现；中文简体数字是指目标刺激以中文简体数字形式（如一、二、三）呈现；中文繁体数字是指目标刺激以中文繁体数字形式（如壹、贰、叁）呈现。左手在上是指被试左手放置在逆时针90°旋转的反应键盘上端的L键上，右手放置在逆时针90°旋转的反应键盘下端的A键上；右手在上是指被试右手放置在逆时针90°旋转的反应键盘上端的 L 键上，左手放置在逆时针 90° 旋转的反应键盘下端的 A 键上。因变量为反应时和错误率。

（3）实验仪器和材料

实验仪器和材料除以下内容更改外，均与实验 2a 相同。第一，言语标签“左”和“右”分别更改为“上”和“下”；第二，在垂直条件下，将标准的 QWERTY 键盘逆时针旋转 90° （Shaki and fischer，2012）。

（4）实验程序

实验程序同样除以下内容更改之外，也与实验 2a 相同。第一，反应键垂直设置。第二，在一个 block 中，当数字小于 5 时，被试被要求按上端的反应键，当数字大于 5 时，按下端的反应键；在另一个 block 中，当数字小于 5 时，被试被要求按下端的反应键，当数字大于 5 时，按上端的反应键。第三，为了平衡误差，一半的被试左手在上，右手在下，即左手食指放置在 L 键上，右手食指放置在 A 键上；另一半的被试左手在下，右手在上，即左手食指放置在 A 键上，右手食指放置在 L 键上。每种数字符号的实验之间间隔 2 天。

3. 研究结果与分析

（1）方差分析结果

与实验 1b 相同，对平均反应时和错误率进行 3×2×2×2 混合测量方差分析。被试内变量为数字符号（阿拉伯数字、中文简体数字、中文繁体数字）、词序（词序为正表示言语标签“上”呈现在目标刺激的上端，“下”呈现在目标刺激的下端；词序为逆表示言语标签“上”呈现在目标刺激的下端，“下”呈现在目标刺激的上端）、反应位置（与被试的垂直阅读方向一致，反应位置为正表示小数字用键盘上端的食指反应，大数字用键盘下端的食指反应；反应位置为逆表示小数字用键盘下端的食指反应，大数字用键盘上端的食指反应）。被试间变量为左右手的垂直设置（左手在上是指被试左手放置在逆时针 90° 旋转的反应键盘上端的 L 键上，右手放置在逆时针 90° 旋转的反应键盘下端的 A 键上；右手在上是指被试右手放置在逆时针 90° 旋转的反应键盘上端的 L 键上，左手放置在逆时针 90° 旋转的反应键盘下端的 A 键上）。总错误率为 3.8%。按照与实验 1 相同的极端数据处理标准，剔除的极端反应时为 2.3%。错误率方差分析的主效应与交互效应均不显著（$Ps > 0.05$）。

与实验 2a 相似，对正确反应时进行方差分析。方差分析结果如表 5-4 和图 5-9 所示。方差分析结果显示，数字符号主效应显著，$F(2, 68)=402.95$，$P < 0.001$，$\eta_p^2=0.82$。被试对中文繁体数字（M=583 ms，SD=3.44）的反应慢于阿拉伯数字（M=491 ms，SD=2.78），$F(1, 35)=1.19$，$P=0.001$，$\eta_p^2=0.41$ 和中文简体数字（M=514 ms，SD=3.21），$F(1, 35)=1.26$，$P < 0.001$，$\eta_p^2=0.41$。被试对中文简体数字的反应慢于对阿拉伯数字的反应，$F(1, 35)=1.26$，$P < 0.001$，$\eta_p^2=0.41$。词序主效应不显著，$F < 1$。反应位置主效应显著，反应位置为正的反应时（M=534 ms，SD=3.11）慢于反应位置为逆的反应时（M=524 ms，SD=2.65），$F(1, 34)=12.48$，$P=0.001$，$\eta_p^2=0.07$。词序与数字符号交互作用不显著，$F(1, 68)=1.65$，$P=0.194$，$\eta_p^2=0.02$；词序 × 反应位置交互作用以及反应位置 × 数字符号交互作用均不显著（$Fs < 1$）。然而，数字符号 × 词序 × 反应位置三元交互作用显著，$F(2, 68)=3.34$，$P=0.038$，$\eta_p^2=0.04$。进一步统计分析显示：当对三种数字符号分别进行统计分析时，阿拉伯数字的反应位置主效应显著，$F(1, 35)=10.65$，$P=0.001$，$\eta_p^2=0.04$；且阿拉伯数字词序 × 反应位置交互作用显著，$F(1, 35)=5.46$，$P=0.020$，$\eta_p^2=0.02$；中文简体数字和中文繁体数字的反应位置主效应均显著，中文简体数字符号的反应位置主效应为 $F(1, 35)=5.79$，$P=0.017$，$\eta_p^2=0.02$；中文繁体数字符号的反应位置主效应为 $F(1, 35)=7.28$，$P=0.003$，$\eta_p^2=0.03$；中文简体数字和中文繁体数字的词序与反应位置交互作用并不显著（$Fs < 1$）。

表5-4　垂直方向词序正常和异常情况下身体正序和身体逆序的反应时

单位：ms

数字符号	词序为正		词序为逆	
	身体正序	身体逆序	身体正序	身体逆序
阿拉伯数字	490（53.3）	487（51.3）	502（59.3）	482（49.1）
中文简体数字	520（64.2）	510（49.6）	518（42.5）	509（57.4）
中文繁体数字	592（64.5）	577（52.3）	585（69.8）	575（58.6）

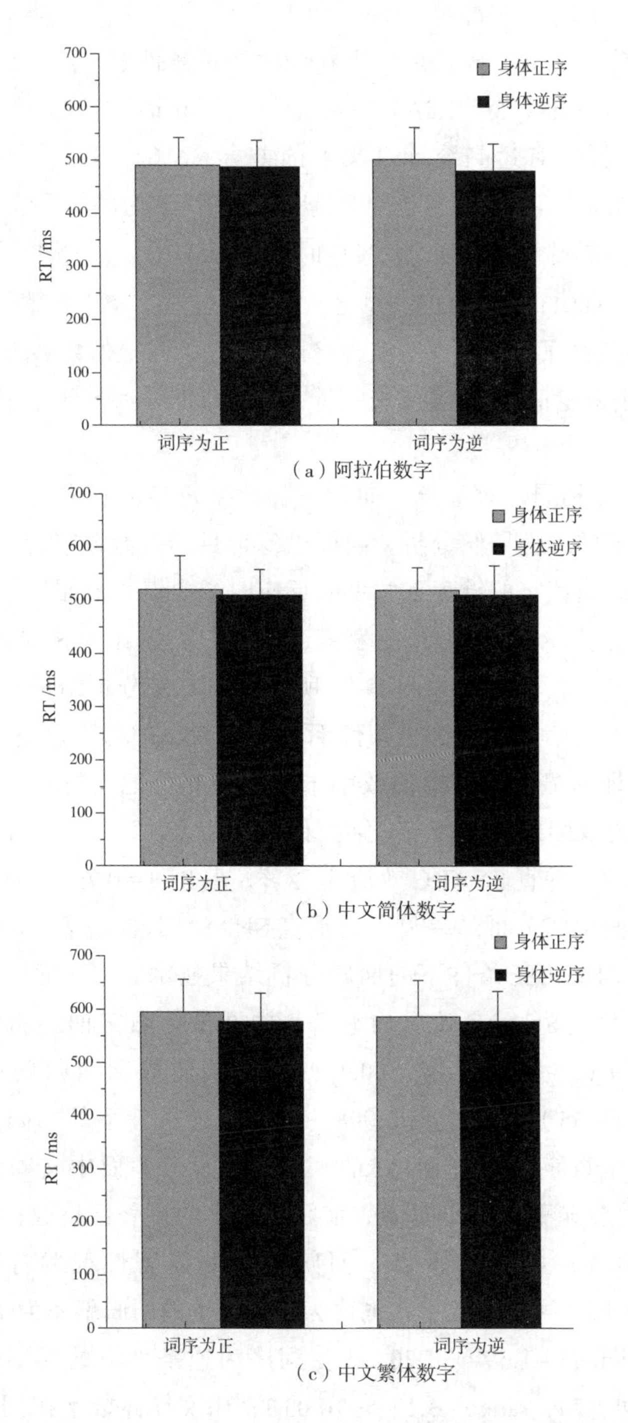

（a）阿拉伯数字

（b）中文简体数字

（c）中文繁体数字

图 5–9　视觉 – 空间任务中垂直方向词序为正和词序为逆条件下身体正序和身体逆序的反应时

与预计结果一致，阿拉伯数字在词序为正条件下，反应位置为逆时的反应时（M=492 ms，SD=3.56）与反应位置为正时的反应时（M=497 ms，SD=3.64）差异没有达到统计意义上的差异，F（1，35）=1.62，P=0.204，η_p^2 =0.01。然而，在词序为逆条件下，反应位置为正时的反应时（M=507 ms，SD=3.96）慢于反应位置为逆时的反应时（M=490 ms，SD=3.57），F（1，35）=13.86，$P < 0.001$，η_p^2 =0.06。总之，中文简体数字和中文繁体数字的垂直SNARC效应支持了视觉－空间编码解释，然而，阿拉伯数字的垂直SNARC效应检验结果未能完全充分地支持视觉－空间与言语－空间双编码的解释。

（2）回归分析结果

与实验1b相同，对垂直方向的三种数字符号分别进行词序为正和词序为逆条件下的线性回归分析。同样以每个目标刺激数字为预测变量，以对相同目标刺激数字的键盘下端手的反应时减去键盘上端手的反应时后所得的反应时差（dRT）作为预测变量，以回归斜率作为SNARC效应的指标，进行回归分析，结果如图5–10所示。与方差分析结果一致，在中文简体数字和中文繁体数字符号条件下，垂直SNARC效应中存在视觉－空间编码解释证据显著。阿拉伯数字未能完全充分地支持视觉－空间与言语－空间编码双编码的解释。对阿拉伯数字而言，词序为正条件下的回归分析结果显示，垂直SNARC效应不显著，t（35）=0.79，P=0.433；词序为逆条件下的回归分析结果显示，垂直SNARC效应显著，t（35）=3.79，$P < 0.001$。词序为正条件下的回归分析结果显示，中文简体数字和中文繁体数字的垂直SNARC效应均显著，中文简体数字回归斜率的显著性检验标准为t（35）=2.07，P=0.039；中文繁体数字回归斜率的显著性检验标准为t（35）=2.68，P=0.008。词序为逆条件下的回归分析结果显示，中文简体数字的垂直SNARC效应边缘显著，而中文繁体数字的垂直SNARC效应显著。中文简体数字回归斜率的显著性检验标准为t（35）=1.89，P=0.063；中文繁体数字回归斜率的显著性检验标准为t（35）=2.52，P=0.012。阿拉伯数字在词序为正条件下的回归斜率为1.05 ms/digit（SD=1.34，range：–1.59 ～ 3.70），在词序为逆条件下的回归斜率为6.60 ms/digit（SD=1.74，range：3.17 ～ 10.03）；中文简体数字在词序为正条件

下的回归斜率为 3.26 ms/digit（*SD*=1.57，range：0.16 ～ 6.36），在词序为逆条件下的回归斜率为 1.46 ms/digit（*SD*=1.64，range：–1.77 ～ 4.70）；中文繁体数字在词序为正条件下的回归斜率为 4.85 ms/digit（*SD*=1.81，range：1.28 ～ 8.41），词序为逆条件下的回归斜率为 4.32 ms/digit（*SD*=1.71，range：0.95 ～ 7.70）。

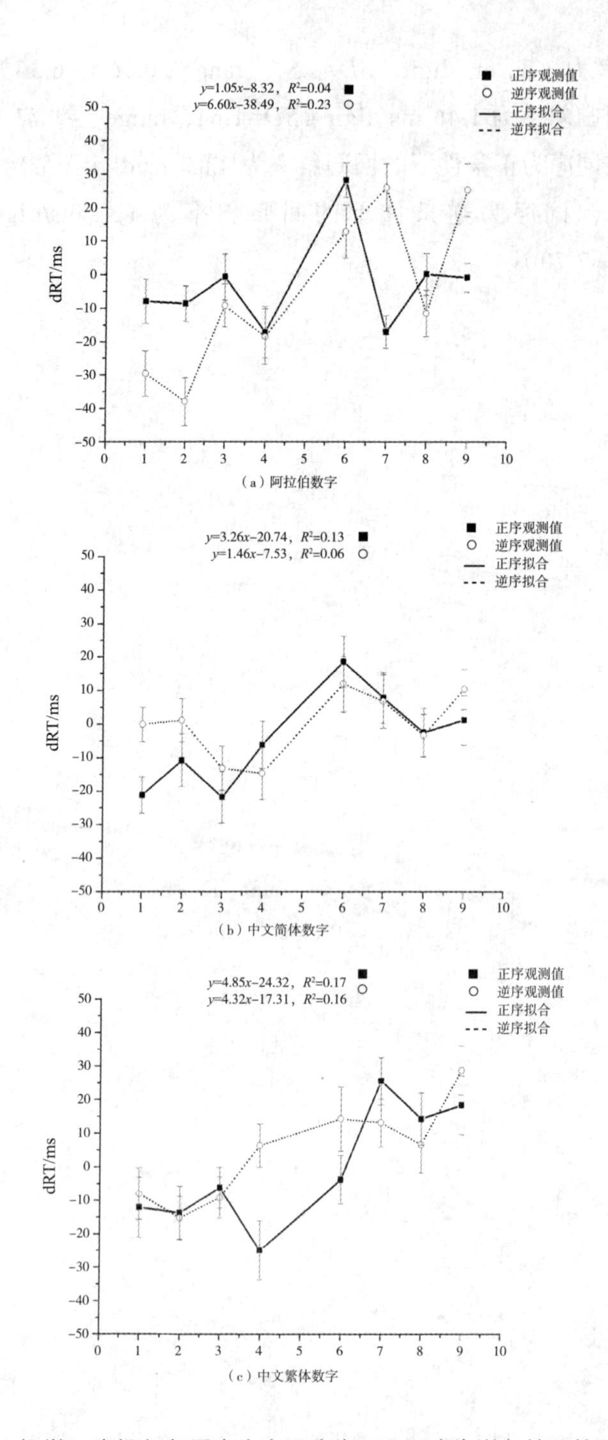

图 5–10　视觉 – 空间任务垂直方向词序为正和词序为逆条件下的回归曲线

随后的分析显示，阿拉伯数字、中文简体数字和中文繁体数字在词序为正和词序为逆条件下的回归斜率的差异均不显著，$Fs < 1$。与方差分析的结果一致，在词序为正条件下，被试下端的手（言语标签为“下”）对小数字的反应快于对大数字的反应，上端的手（言语标签为“上”）对小数字的反应慢于对大数字的反应。同样，在词序为逆条件下，被试上端的手（言语标签为“下”）对大数字的反应快于对小数字的反应，被试下端的手（言语标签为“上”）对小数字的反应快于对大数字的反应。

总之，在中文简体数字符号和中文繁体数字符号条件下，被试将小数字与视觉 – 空间“下”联结，大数字与视觉 – 空间“上”相联结。在阿拉伯数字符号条件下，不能充分证实被试是将小数字与视觉 – 空间的“上”联结还是与言语 – 空间“上”联结，大数字与视觉 – 空间的“下”相联结还是与言语 – 空间“下”联结。实际上，为了支持视觉 – 空间编码，阿拉伯数字在词序为正和词序为逆条件下的斜率应该均为显著的负值或显著的正值。为了支持言语 – 空间编码，阿拉伯数字在词序为正条件下的斜率应该为显著的负值（或正值），在词序为逆条件下应该为显著的正值（或负值）。既然阿拉伯数字在词序为逆条件下与零值的差异并不显著，有可能视觉 – 空间编码和言语 – 空间编码对这两种数字符号均有影响。结合方差分析的结果，反应位置主效应是显著的，且词序和反应位置的交互作用也显著，则更倾向于视觉 – 空间编码和言语 – 空间编码共同作用，且未能显示哪种编码方式更有优势。

4. 讨论

实验 2 b 同样采用排除对言语 – 空间信息偏好的大小比较实验任务，检验对阿拉伯数字、中文简体数字和中文繁体数字三种数字符号而言，是否在垂直 SNARC 效应中存在视觉 – 空间与言语 – 空间双编码的解释机制。本实验方差分析与回归分析的结果共同证实了当实验任务中排除对言语 – 空间编码的反应偏好时，对于中文简体数字和中文繁体数字符号而言，中国被试在垂直 SNARC 效应中仅存在视觉 – 空间编码；对于阿拉伯数字而言，中国被试在垂直 SNARC 效应中可能存在视觉 – 空间与言语 – 空间双编码。

多项前人的同类研究（Galfano，Rusconi，and Umilta，2006；Georges，

Schiltz, and Hoffmann, 2015; Ristic, Wright, and Kingstone, 2006; Shaki and Gevers, 2011。）也证明，在数字－空间表征中，空间编码机制存在任务依赖性问题。本实验的结果进一步证实了垂直方向言语－空间编码效应的出现极有可能是由实验本身对言语信息的偏好造成的。也就是说，Gevers 等人提出的水平方向数字－空间联合中出现的言语－空间编码的优势，很有可能是由他们使用的含有言语－空间信息的大小比较任务的实验范式本身造成的。

5.3 实验 3：SNARC 效应的经典大小比较任务

由实验 1a、1b 和实验 2a、2b 的研究结果可得，在水平方向上，阿拉伯数字、中文简体数字和中文繁体数字符号均出现了 SNARC 效应。但实验 1b 证实了在垂直方向上，SNARC 效应视觉－空间与言语－空间双编码解释中文繁体数字，但不适用于阿拉伯数字和中文简体数字。实验 2b 在中文简体数字和中文繁体数字条件下也未完全证实均证实了 SNARC 效应的视觉－空间编码解释，在阿拉伯数字符号条件下视觉－空间与言语－空间双编码解释。其可能的原因有两个方面，一方面可能是因为 SNARC 效应的视觉－空间与言语－空间双编码解释的适宜性存在问题；另一方面可能是因为在垂直方向上，并非阿拉伯数字、中文简体数字和中文繁体数字三种数字符号中均会出现 SNARC 效应。Hung 等人（2008）选取中国台湾人作为被试，采用奇偶判断任务范式，对阿拉伯数字、中文简体数字和中文繁体数字三种数字符号的水平和垂直方向的 SNARC 效应进行研究。他们的研究结果发现阿拉伯数字存在水平 SNARC 效应，但中文简体数字和中文繁体数字均不存在水平 SNARC 效应。在垂直方向上，仅中文简体数字存在垂直 SNARC 效应，阿拉伯数字和中文繁体数字均不存在垂直 SNARC 效应。Hung、Tzeng 和 Wu 对其所得出的结果的解释是数字空间联合会受到个体的阅读和书写方向的影响，对于台湾被试而言，在平时的文本阅读和写作中，阿拉伯数字通常以自左向右的方向出现在水平方向上，因而阿拉伯数字会表现出小数字与左侧空间联合，大数字与右侧空间联合的水平的 SNARC 效应；而中文简体数字通常出现在自上而下的垂直方向上，因而中文简体数字会表现出小数字与空间的上端相联合，大数字与空间的下端相联合的垂直 SNARC 效应；至于中文繁体数字，因为台湾被试对其使用较少，相对比较陌生，所以在水平和垂直方向上均未出现 SNARC 效应。但是，同样在垂直方向是自上而下的阅读和书写文化背景下，Ito 和 Hatta（2004）以日本人为被试，采用奇偶判断实验范式，发现了垂直方向上的小数字与下端相联合，大数字与空间的上端相联合的 SNARC 效应。对日本被试而言，他们同样通常阅读的是自上而下的文本，但是他们将小数字与空间的下端的反应键相联结，大数字与上端的反应键相联结。这一数字刺激与反应的空间联结模式与阅读的方向相反，反应了更普遍的基础认知联结，即数字在垂直空间方向的空间映射与物理空间方向的"当累积更多数量的物品时，数量多的相对会形成更高的堆积"，或者语言隐喻中的"多就是高"（"larger quantities to generate taller pile when accumulated"，or"more is up"，Lakoff and Johnson，1980；Lakoff and Núñez，2000）一致。令人意外的是，采用经典大小比较任务范式，Ito 和 Hatta 并未发现垂直方向的 SNARC 效应。可见，对于相同的被试，采用不同的实验范式可能得出不同的研究结果。由于实验 1 和实验 2 所采用的包含言语 – 空间信息的大小比较任务与前人采用奇偶判断任务的同类研究不能直接进行比较，因此实验 3 将采用经典的大小比较任务范式，对水平方向和垂直方向的数字空间联合问题进行重新检验，为实验 1 和实验 2 的研究结果提供基线支持。

5.3.1 实验 3a

1. 研究目的

通过水平方向上的经典大小比较任务范式实验检验阿拉伯数字、中文简体数字和中文繁体数字三种数字符号的水平 SNARC 效应。若采用经典大小比较任务范式下仍出现水平 SNARC 效应，则说明实验 1 和实验 2 关于视觉 – 空间与言语 – 空间双编码的研究结果是可靠的。由于以往的研究均证实了水平方向 SNARC 效应的稳定性，因此本研究假设如下：采用经典大小比较任务范式，阿拉伯数字、中文简体数字和中文繁体数字仍存在水平SNARC效应。

2. 研究方法

（1）被试

重新招募了36名湖州师范学院大学生，其中男生18人，女生18人，被试年龄范围为18～22岁，平均年龄为*M*=20.0岁，*SD*=1.13岁。所有被试均为右利手，且视力正常或矫正视力正常。所有被试此前均未参加过类似实验，在实验前均不知道实验的真实目的。实验结束后被试会得到15元人民币或者价值15元左右的小礼物作为报酬。

（2）实验设计

采用3（数字符号：阿拉伯数字、中文简体数字、中文繁体数字）×2（数字大小：小数字、大数字）×2（反应位置：左手反应、右手反应）的被试内设计。小数字是指大小比较任务中小于5的目标刺激，即1～4的数字；大数字是指大小比较任务中大于5的目标刺激，即6～9的数字。左手反应是指对目标刺激用左手食指按键做出的反应；右手反应是指对目标刺激用右手食指按键做出的反应。阿拉伯数字是指目标刺激以阿拉伯数字形式（如1，2，3）呈现；中文简体数字是指目标刺激以中文简体数字形式（如一、二、三）呈现；中文繁体数字是指目标刺激以中文繁体数字形式（如壹、贰、叁）呈现。因变量为反应时和错误率。

（3）实验仪器和材料

同实验1a、1b以及实验2a、2b。

（4）实验程序

在3种数字符号条件中，被试均需要执行含有2个block的大小比较任务，这2个block分别对应实验任务中与5进行比较时的不同反应组合。对每一种数字符号而言，被试均被要求把他们的左手食指和右手食指分别放在对应的“A”键和“L”键上进行反应。每个block的实验共包括40个trial。每个实验trial开始时，均在显示屏正中间呈现“#”号注视点750 ms，随后出现目标刺激，并要求被试对呈现的目标刺激进行大小比较。每个目标刺激呈现40词。block 1与block 2对被试的反应要求不同，在block1中，若目标刺激小于 5，被试被要求用左手的食指按键；若目标刺激大于 5，则用右手的食指按键。block 2 与 block 1 的反应映射完全相反，即若目标刺激小于 5，则被试被要求用右手的食指按键；若目标刺激大于 5，则用左手的食指按键。被试反应之后，持续 1 000 ms 的空白屏，然后进入下一个新的 trial。具体实验流程如图 5–11 所示。每个任务用时约 15 min。被试每次实验仅需要完成 3 种数字符号实验中的 1 个实验，且任一两种数字符号实验之间的时间间隔至少为 2 天。3 种数字符号实验的顺序和两种 block 的顺序均在被试之间进行了平衡。

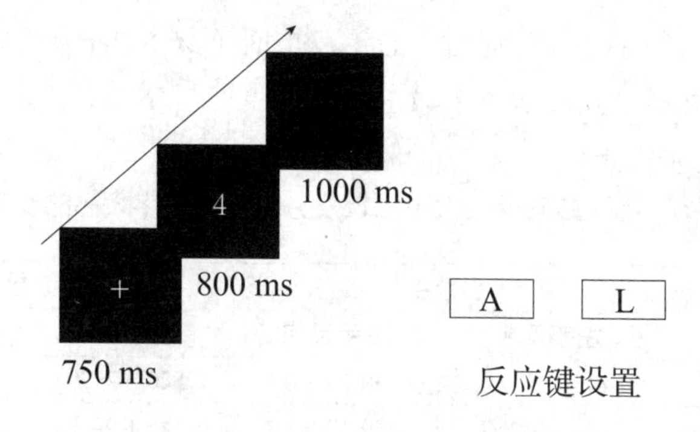

图 5–11　实验 3a 流程图

3. 研究结果与分析

（1）方差分析结果

采用 SPSS 18.0 分别对平均反应时和错误率进行统计分析。先通过统计获得总体平均错误率为 3.87%，删除反应错误的 trial 后，再以大于或者小于反应时的 2 个标准差为依据进行极端数据剔除。剔除的极端数据占 2.5%。对错误反应进行 3（数字符号：阿拉伯数字、中文简体数字、中文繁体数字）×2（数字大小：小数字、大数字）×2（反应方向：左手反应、右手反应）重复测量方差分析，结果显示，错误率数据的主效应和交互效应均没有达到显著性水平（$Ps > 0.05$）。

对正确反应的反应时进行 3（数字符号：阿拉伯数字、中文简体数字、中文繁体数字）×2（数字大小：小数字、大数字）×2（反应方向：左手反应、右手反应）重复测量方差分析，结果如表 5–5 和图 5–12 所示。方差分析结果表明，数字符号主效应显著，$F(2, 70)=42.36$，$P < 0.001$，η_p^2

=0.72。被试对阿拉伯数字（*M*=506 ms，*SD*=10.65）的反应时快于中文繁体数字（*M*=577 ms，*SD*=12.73) 和中文简体数字（*M*=521 ms，*SD*=11.55）。数字大小主效应不显著，*F*（1，35）=2.13，*P*=0.154，η_p^2 =0.059，被试对小数字的反应时（*M*=538 ms，*SD*=11.79）与被试对大数字的反应时（*M*=532 ms，*SD*=10.37）没有达到统计学意义上的差异。反应方向主效应不显著（*F* < 1）。重要的是，数字大小和反应方向的交互作用显著，*F*（1，35）=20.02，*P* < 0.001，η_p^2 =0.37。当被试对小数字进行反应时，左手反应时（*M*=513 ms，*SD*=8.47）快于右手反应时（*M*=563 ms，*SD*=17.22）；相反，当被试对大数字进行反应时，右手反应时（*M*=511 ms，*SD*=8.83）快于左手反应时（*M*=552 ms，*SD*=8.47）。

表5-5　水平方向经典大小比较任务中不同数字大小的反应时

单位：ms

数字符号	小数字		大数字	
	左手反应	右手反应	左手反应	右手反应
阿拉伯数字	483（57.7）	530（87.0）	520（79.1）	489（59.5）
中文简体数字	504（56.6）	539（88.1）	545（94.3）	496（58.8）
中文繁体数字	551（48.7）	619（96.7）	591（81.3）	547（53.6）

随后的分析显示，数字大小 × 反应方向交互作用在三种数字符号条件下均显著（*Ps* < 0.05）。对三种数字符号而言，均表现为被试对小数字进行反应，左手的反应时快于右手的反应时（*Ps* < 0.05）；对大数字进行反应时，右手的反应时快于左手的反应时（*Ps* < 0.05）。数字大小 × 数字符号交互作用不显著，*F*（2，70）=1.13，*P*=0.33，η_p^2 =0.06，反应方向 × 数字符号交互作用不显著，*F*（2，70）=2.70，*P*=0.078，η_p^2 =0.14。数字大小 × 数字符号 × 反应方向三元交互作用不显著，*F*（2，70）=1.12，*P*=0.338，η_p^2 =0.06。可见，在水平方向采用经典大小比较任务时三种数字符号的结果均出现了典型的 SNARC 效应，即对阿拉伯数字、中文简体数字、中文繁体数字三种数字符号而言，均表现出小数字与空间的左侧相联合，大数字与空间的右侧相联合的特点。

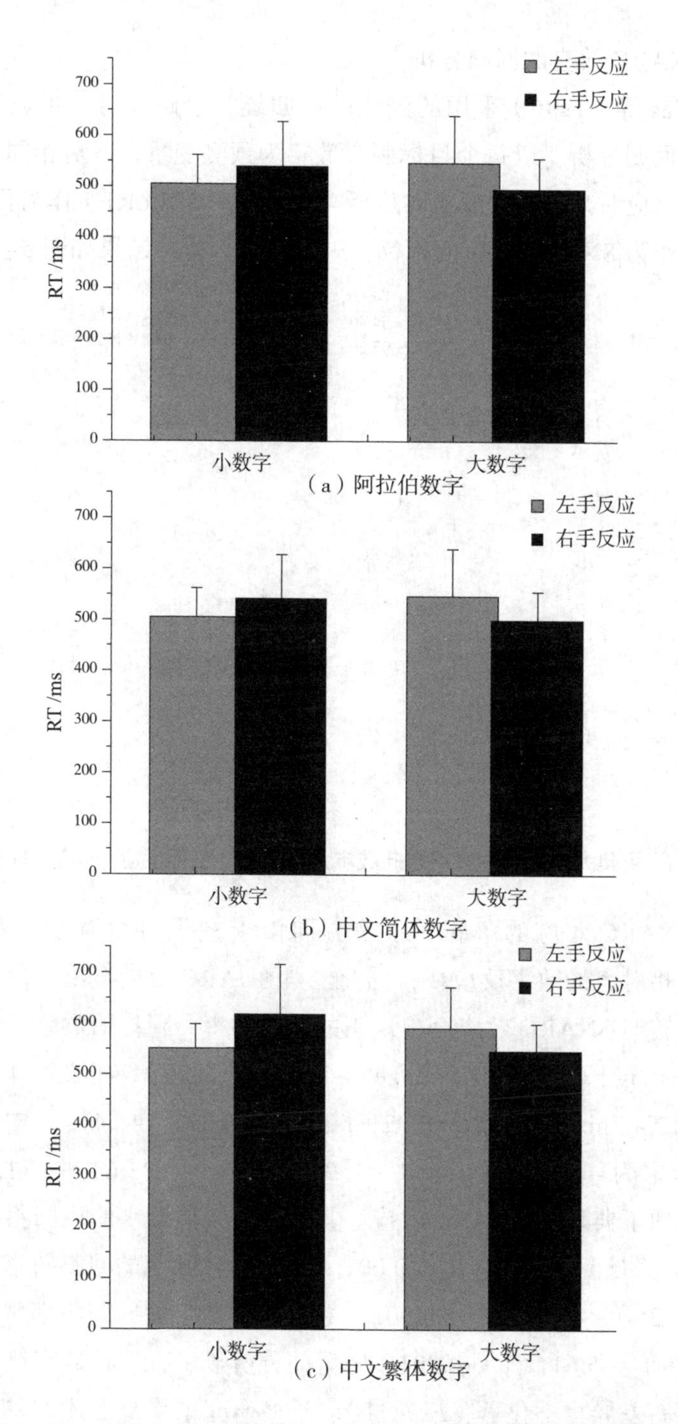

图 5–12　经典大小比较任务中水平方向大小数字的左、右手的反应时

（2）SNARC 效应的回归分析

按照 Fias 等（1996）采用的经典的回归统计思路，对三种数字符号分别进行线性回归分析。以每个目标刺激数字为预测变量，以对相同目标刺激数字的右手反应时减去左手反应时后所得的反应时差（dRT）作为预测变量，以回归斜率作为 SNARC 效应的指标，进行回归分析，结果如图 5-13 所示。

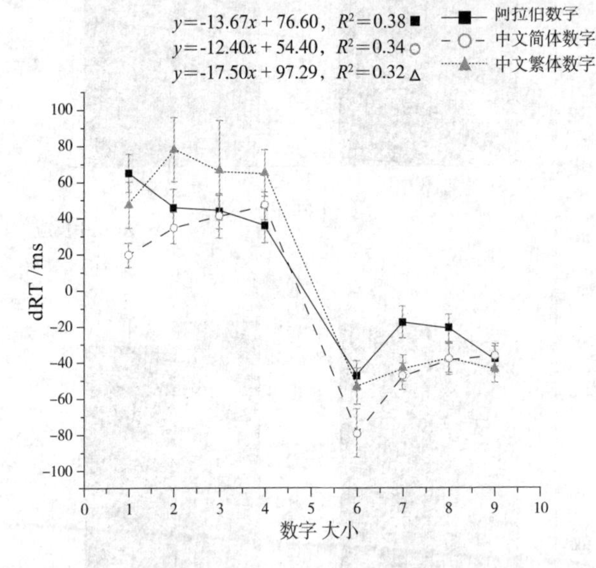

图 5-13　经典大小任务中水平方向数字大小与左、右手反应时差的回归曲线

根据 SNARC 效应的解释，水平方向由于左手对相对小的数字反应快，右手对相对大的数字反应快，因此经典 SNARC 效应会出现负的回归斜率；然而反转的 SNARC 效应会出现正的回归斜率。阿拉伯数字的回归斜率为 −13.67 ms/digit（SD=1.97，range：−17.55 ～ −9.79），中文简体数字的回归斜率为 −12.40 ms/digit（SD=2.02，range：−16.37 ～ −8.44），中文繁体数字的回归斜率为 −17.50 ms/digit（SD=3.12，range：−23.64 ～ −11.36）。三种数字均出现了典型的 SNARC 效应。其中，阿拉伯数字的回归斜率显著性检测标准为 t（35）=−6.93，$P < 0.001$；中文简体数字的回归斜率显著性检测标准为 t（35）=−6.15，$P < 0.001$；中文繁体数字的回归斜率显著性检测标准为 t（29）=−5.61，$P < 0.001$。随后的分析显示，三种数字符号两两之间的回归斜率差异均不显著（$Fs < 1$）。这一研究结果与上述方差分析结果

一致，两者共同支持了三种数字符号条件下，采用经典大小比较任务均出现了典型的SNARC效应。

4. 讨论

实验3a采用经典的大小比较任务检验了阿拉伯数字、中文简体数字和中文繁体数字这三种数字符号是否会在水平方向上出现经典的SNARC效应。具体而言，即是否会表现出小数字与左侧相联合，大数字与右侧相联合的趋势。实验3a方差分析与回归分析的结果共同证实了对于阿拉伯数字、中文简体数字、中文繁体数字符号而言，中国被试在经典的大小比较任务中均出现了经典的水平SNARC效应。

Hung、Tzeng和Wu（2008）同样使用这三种数字符号，但采用的是奇偶判断任务范式对中国台湾被试进行实验，结果发现，在水平方向上，仅阿拉伯数字出现了SNARC效应，中文简体数字和中文繁体数字均未出现SNARC效应。根据SNARC效应的阅读文化影响的观点（Dehaene and Cohen，2007；Dehaene，Bossini and Giraux；1993；Shaki and Gevers，2011），SNARC效应受被试阅读和书写方向的影响，对于拥有自左向右阅读和书写习惯的被试而言（如英、美国家的被试），水平方向会出现小数字与左侧空间联合，大数字与右侧空间联合的典型SNARC效应。对于拥有自右向左阅读和书写习惯的被试而言（如希伯来语系的被试），水平方向会出现小数字与右侧空间联合，大数字与左侧空间联合的反转的SNARC效应。同样，Hung、Tzeng和Wu对其所得出结果的解释是既然数字空间联合会受到个体的阅读和书写方向的影响，那么对于中国台湾被试而言，在平时的文本阅读和写作中，阿拉伯数字通常是以自左向右的方向出现在水平方向，因而阿拉伯数字会表现出小数字与左侧空间联合，大数字与右侧空间联合的水平的SNARC效应；而中文简体数字通常出现在自上而下的垂直方向，因而未出现水平的SNARC效应；至于中文繁体数字，因为中国台湾被试对其使用较少，相对比较陌生，所以在水平方向上也未出现SNARC效应。对于中国大陆被试而言，阿拉伯数字和中文简体数字均出现在自左向右阅读和书写的文本中，而中文繁体数字一方面会出现在部分自上而下繁体印刷的书籍中，另一方面会出现在自左向右方向的金融交易的金额书写中。因此，对中国大陆被试而言，阿拉伯数字、中文简体数字、中文繁体数字均出现了小数字与左侧空间相联合，大数字与右侧空间相联合的典型的SNARC效应。

5.3.2 实验3b

1. 研究目的

通过垂直方向上的经典大小比较任务范式实验检验阿拉伯数字、中文简体数字和中文繁体数字三种数字符号的垂直SNARC效应。若在采用经典大小比较任务范式下仍然出现垂直SNARC效应，则说明实验1 b和实验2 b关于视觉－空间与言语－空间双编码的研究结果可靠。虽然以往的研究显示，垂直SNARC效应并没有水平SNARC效应稳定，但是以往的研究也证实了在曾经有垂直阅读经验的被试中存在垂直SNARC效应。对中国被试而言，阿拉伯数字和中文简体数字出现在垂直呈现的文本中的频率较低，中文繁体数字有时会出现在繁体印刷的文本中。但从语言隐喻的角度看，无论阿拉伯数字、中文简体数字还是中文繁体数字，均存在“当累积更多数量的物品时，数量多的物品相对会形成更高的堆积”现象，简言之，就是“多就是高（more is up）”现象。所以研究假设：采用经典大小比较任务范式，阿拉伯数字、中文简体数字和中文繁体数字存在垂直SNARC效应。在垂直方向上，会出现小数字与垂直空间下端联合，大数字与垂直空间上端联合的趋势。

2. 研究方法

（1）被试

重新招募36名湖州师范学院的大学生参加实验，其中男生17人，女生19人，被试年龄范围18～23岁，平均年龄为M=20.8岁，SD=1.13岁。所有被试均为右利手，且视力正常或矫正视力正常。所有被试此前均未参加过类似实验，在实验前均不知道实验的真实目的。实验结束后，被试会得到15元人民币或者价值15元左右的小礼物作为报酬。

（2）实验设计

采用3（数字符号：阿拉伯数字、中文简体数字、中文繁体数字）×2（数字大小：小数字、大数字）×2（反应方向：上端、下端）×2（左右手的垂直设置：左手在上、右手在上）的混合设计。其中，数字符号、数字大小、反应位置均为被试内设计，左右手的空间设置为被试间设计。小数字是指大小比较任务中小于 5 的目标刺激，即 1 ～ 4 的数字；大数字是指大小比较任务中大于 5 的目标刺激，即 6 ～ 9 的数字。上端反应是指对目标刺激用处于键盘上端的食指按键做出的反应；下端反应是指对目标刺激用处于键盘下端的食指按键做出的反应。阿拉伯数字是指目标刺激以阿拉伯数字形式（如 1，2，3）呈现；中文简体数字是指目标刺激以中文简体数字形式（如一、二、三）呈现；中文繁体数字是指目标刺激以中文繁体数字形式（如壹、贰、叁）呈现。左手在上是指被试左手放置在逆时针 90° 旋转的反应键盘上端的 L 键上，右手放置在逆时针 90° 旋转的反应键盘下端的 A 键上；右手在上是指被试右手放置在逆时针 90° 旋转的反应键盘上端的 L 键上，左手放置在逆时针 90° 旋转的反应键盘下端的 A 键上。因变量为反应时和错误率。

（3）实验仪器和材料

在垂直条件下，除了将标准的 QWERTY 键盘逆时针旋转 90°（Shaki and Fischer，2012）外，实验仪器和材料均与实验 3 a 相同。

（4）实验程序

实验程序除了以下内容更改之外，均与实验 3 a 相同。第一，反应键垂直设置。第二，在一个 block 中，当数字小于 5 时，被试被要求按上端的反应键，当数字大于 5 时，按下端的反应键；在另一个 block 中，当数字小于 5 时，被试被要求按下端的反应键，当数字大于 5 时，按上端的反应键。第三，为了平衡误差，一半的被试左手在上，右手在下，即左手食指放置在 L 键上，右手食指放置在 A 键上；相反另一半的被试左手在下，右手在上，即左手食指放置在 A 键上，右手食指放置在 L 键上。具体实验流程图如图 5-14 所示。每种数字符号的实验之间间隔 2 天。

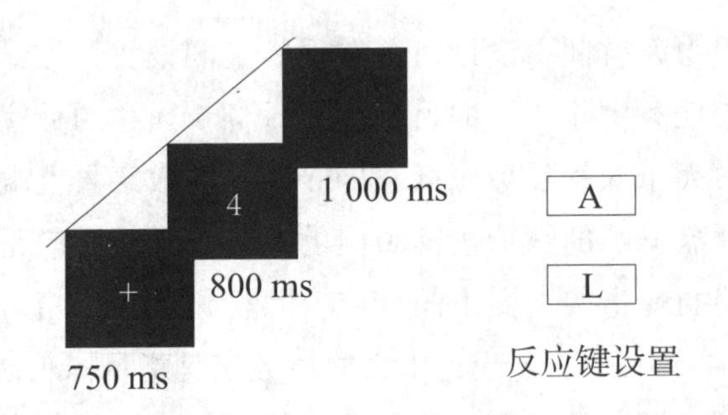

图 5-14　实验 3b 流程图

3. 研究结果与分析

（1）方差分析结果

对平均反应时和错误率进行 3×2×2×2 混合测量方差分析。被试内变量为数字符号（阿拉伯数字、中文简体数字、中文繁体数字）、数字大小（小数字、大数字）和反应方向（上端、下端），被试间变量为左右手的垂直设置（左手在上、右手在上）。总错误率为 2.5%。按照与实验 3 a 相同的极端数据处理标准，剔除的极端反应时为 4.9%。错误率方差分析的主效应与交互效应均不显著（$Ps > 0.05$）。

与实验 3a 相似，对正确反应时进行方差分析。方差分析结果如表 5-6 和图 5-15 所示。方差分析结果显示，数字符号主效应显著，F（2，68）=148.28，$P < 0.001$，η_p^2 =0.90。被试对中文繁体数字（M=568 ms，SD=9.55）的反应慢于阿拉伯数字（M=496 ms，SD=9.16）和中文简体数字（M=512 ms，SD=9.57）。数字大小主效应和反应位置主效应均不显著（$Fs < 1$）。被试对小数字的反应时（M=527 ms，SD=9.36）与被试对大数字的反应时（M=525 ms，SD=9.11）没有达到统计意义上的差异；被试的左手反应时（M=527 ms，SD=8.90）与右手反应时（M=525 ms，SD=9.50）没有达到统计意义上的差异。左右手的垂直设置主效应不显著（$F < 1$）。重要的是，数字大小与反应位置交互作用显著，F（1，68）=32.45，$P < 0.001$，η_p^2 =0.50。

表5-6　经典大小比较任务中垂直方向不同数字大小的反应时

单位：ms

数字符号	小数字		大数字	
	上端反应	下端反应	上端反应	下端反应
阿拉伯数字	508（67.5）	486（55.3）	484（57.7）	507（64.0）
中文简体数字	524（66.8）	502（60.1）	504（49.9）	522（73.8）
中文繁体数字	587（67.7）	551（54.9）	555（54.3）	580（71.2）

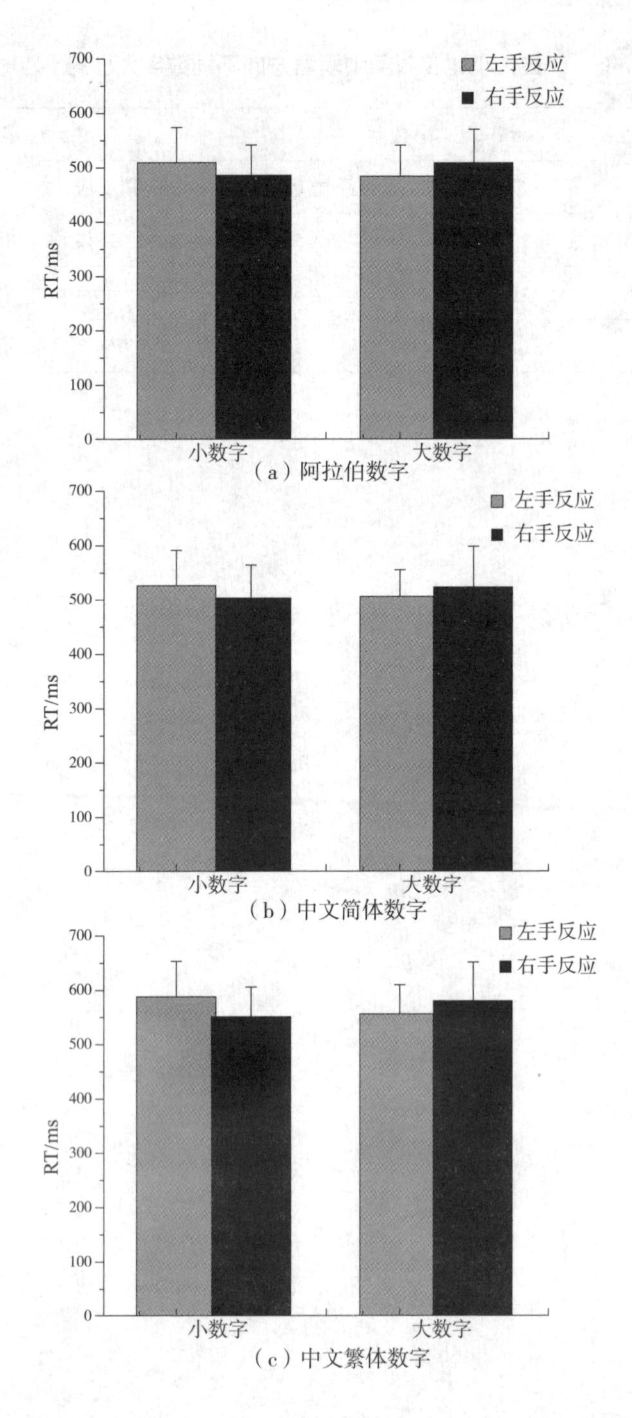

图 5-15　经典大小比较任务中垂直方向大小数字的左、右手的反应时

进一步分析结果显示，当数字为小数字时（小于5），被试对下端（*M*=513 ms，*SD*=8.91）的反应快于对上端（*M*=540 ms，*SD*=10.34）的反应，*F*（1，35）=30.82，$P < 0.001$，η_p^2 =0.48；当数字为大数字时（大于5），被试对上端（*M*=514 ms，*SD*=8.10）的反应快于对下端（*M*=536 ms，*SD*=10.75）的反应，*F*（1，35）=15.45，$P < 0.001$，η_p^2 =0.32。数字符号与数字大小交互作用、数字符号与反应位置交互作用、数字符号与左右手的垂直设置二元交互作用、数字大小与左右手的垂直设置交互作用以及反应位置与左右手的垂直设置二元交互作用均不显著（$Fs < 1$）。数字大小、反应位置与左右手的垂直设置三元交互作用不显著，*F*（2，68）=5.42，*P*=0.26，η_p^2 =0.04；数字大小、数字符号与左右手的垂直设置三元交互作用不显著，*F*（2，68）=1.14，*P*=0.327，η_p^2 =0.03。数字符号、反应位置与左右手的垂直设置三元交互作用显著，*F*（2，68）=3.42，*P*=0.039，η_p^2 =0.09。数字符号、数字大小、反应位置和左右手的垂直设置四元交互作用显著，*F*（2，68）=8.63，*P*=0.001，η_p^2 =0.21。然而，数字符号、数字大小、反应位置三元交互作用不显著（$F < 1$）。总之，对阿拉伯数字、中文简体数字、中文繁体数字三种数字符号而言，当目标刺激为小数字时，被试对下端的反应快于对上端的反应；当目标刺激为大数字时，被试对上端的反应快于对下端的反应。也就是说，中国大陆被试对数字的垂直映射为小数字与垂直空间的下端相联结，大数字与垂直空间的上端相联结。

（2）回归分析结果

与实验3 a相同，对垂直方向的三种数字符号分别进行线性回归分析。同样以每个目标刺激数字为预测变量，以对相同目标刺激数字的下端反应时减去上端反应时后所得的反应时差（dRT）作为预测变量，以回归斜率作为SNARC效应的指标，进行回归分析，结果如图5–16所示。与方差分析结果一致的是，阿拉伯数字、中文简体数字、中文繁体数字三种数字符号的垂直SNARC效应的结论成立。其中，阿拉伯数字回归斜率的显著性检验标准为*t*（31）=4.17，$P < 0.001$；中文简体数字回归斜率的显著性检验标准为*t*（31）=2.77，*P*=0.006；中文繁体数字回归斜率的显著性检验标准为*t*（31）=4.44，$P < 0.001$。阿拉伯数字的回归斜率为6.71 ms/digit（*SD*=1.61，range：

3.54 ～ 9.88）；中文简体数字的回归斜率为 6.52 ms/digit（SD=2.36，range：1.87 ～ 11.17）；中文繁体数字的回归斜率为 10.46 ms/digit（SD=2.35，range：5.80 ～ 15.12）。随后的分析显示，阿拉伯数字、中文简体数字和中文繁体数字两两之间的回归斜率差异不显著（$Fs < 1$）。与方差分析的结果一致，被试下端的手对小数字的反应快于对大数字的反应，上端的手对大数字的反应快于对小数字的反应。

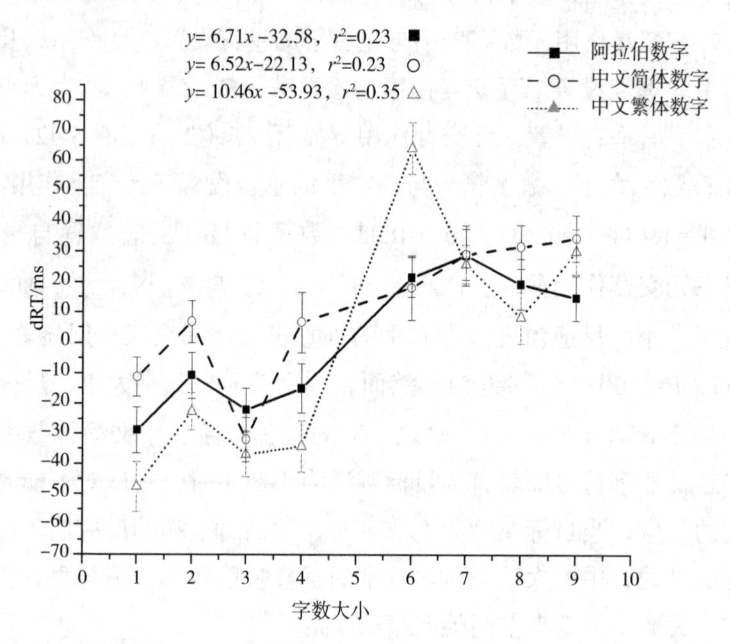

图 5-16　经典大小任务中垂直方向数字大小与左、右手反应时差的回归曲线

4. 讨论

实验 3b 同样是使用了阿拉伯数字、中文简体数字和中文繁体数字，采用了经典的大小比较任务，检验对中国大陆被试而言，是否会出现垂直方向上的 SNARC 效应，并且进一步检验，若存在垂直 SNARC 效应，是否会与垂直方向自上而下的阅读方向一致，表现出小数字与下端空间相联合，大数字与上端空间相联合的趋势。方差分析与回归分析的结果共同显示，在阿拉伯数字、中文简体数字、中文繁体数字三种数字符号条件下，均出现了垂直 SNARC 效应，与预期假设一致，对这三种数字符号而言，被试均表现出小

数字与空间的下端相联合，大数字与空间的上端相联合的趋势。该结果与实验 1 b 的结果，共同说明了对阿拉伯数字和中文简体数字符号而言，视觉 – 空间与言语 – 空间双编码在垂直方向上的不适用性。该结果与实验 2b 的结果，共同说明了对中文简体数字和中文繁体数字而言，视觉 – 空间与言语 – 空间双编码在垂直方向维度上的不适用性。虽然 Hung、Tzeng 和 Wu（2008）以台湾地区人为被试，采用奇偶判断任务范式，进行了阿拉伯数字、中文简体数字和中文繁体数字三种数字符号的垂直方向的 SNARC 效应研究。他们发现在垂直方向上，仅中文简体数字存在 SNARC 效应，其他两种数字均不存在垂直方向上的 SNARC 效应。但是，同样在垂直方向是自上而下的阅读和书写文化背景下，Ito 和 Hatta（2004）以日本人为被试，采用奇偶判断实验范式，发现了垂直方向上的小数字与空间的下端相联合，大数字与空间的上端相联合的 SNARC 效应。令人意外的是，采用经典大小比较任务范式，Ito 和 Hatta 并未发现垂直方向的 SNARC 效应。对日本被试而言，他们同样通常阅读的是自上而下的文本，但是他们将小数字与下端的反应键相联结，大数字与上端的反应键相联结。这一数字刺激与反应的空间联结模式与阅读方向相反，反映了更普遍的基础认知联结，即数字在垂直空间方向的空间映射与物理空间方向的“当累积更多数量的物品时，数量多的相对会形成更高的堆积”，或者说是语言隐喻中的“多就是高”（“larger quantities to generate taller Pile when accumulated”，or“more is up”，Lakoff and Johnson，1980；Lakoff and Núñez，2000）一致。可见，在垂直方向上，存在着两个相互对立的数字与空间联合方向。自上而下的阅读或书写习惯可能会产生小数字与上端空间联合，大数字与下端空间联合的趋势。更基础的认知联结是小数字与下端空间相联合，大数字与下端空间相联合的趋势。拥有这两种对立的具身经验的被试在垂直方向的 SNARC 效应可能会受到这两种具身经验强度的影响。本实验与上述两个实验的不同在于相对于中国台湾和日本被试而言，中国大陆被试很少有垂直文本阅读的经验，因而更容易受到基础认知具身经验的影响，即表现出在垂直方向上，小数字与下端联合，大数字与上端联合的趋势。

5.4 实验 4：SNARC 效应言语 – 空间编码的空间参照依赖性

个体一般在判断两个实物的相对位置时，如 A 在 B 的左边，A 被称为定位客体，B 被称为参照客体，对 A、B 两个实物的相对位置判断即是以参照客体为原点构成一个参照框架。根据参照框架的信息源，参照框架可被分为三种：绝对参照框架（absolute frame of reference）、相对参照框架（relative frame of reference）和固定参照框架（intrinsic frame of reference）。绝对参照框架以环境中的固有特征（如太阳与地球磁场形成的东、西、南、北方位）来定位客体的位置。当以绝对参照框架定位客体的位置时，客体的空间位置不随着观察者的位置和角度的变化而变化。相对参照框架以观察者本身作为参照物，形成前 / 后、左 / 右、上 / 下等两两相对的空间位置关系。当以相对参照框架定位客体位置时，其空间位置会随着观察者的位置和角度的变化而变化。固定参照框架是以固定的背景物作为参照物来定位客体的位置。当以固定参照框架定位客体的位置时，其空间位置仍会受到观察者所处的位置和角度的变化而变化（Levinson，1996；Levinson et al.，2002）。以往的学者研究发现，在众多语言体系中，使用最多的是绝对参照框架和相对参照框架（Levinson，1996，2002）。结合研究的具体内容，本实验将空间参照界定为相对空间参照，即以被试自身作为参照物，形成的左、右等相对空间位置关系。

Dehaene 等人（1993）要求被试交叉左右手进行奇偶判断任务，结果仍然出现了典型的 SNARC 效应。也就是说，无论左、右手是否交叉，SNARC 效应似乎是以身体中心为参照的，均表现出身体左侧对小数字反应相对较快，身体右侧对大数字反应相对较快。但是，Wood 等人（2006）并没有复制出 Dehaene 等人 1993 年的研究结果。另外，Riello 和 Rusconi（2011）选取了无论左手还是右手均是从大拇指开始数数的被试进行实验，实验要求被试分别使用单手（左、右手）手掌向下的姿势和手掌向上的姿势进行大小比较任务和奇偶判断任务。结果发现，当手掌向下时，右手（手指数数的顺序与心理数字线的方向一致）出现典型的单手 SNARC 效应，但左手（手指数数的顺序与心理数字线的方向相反）未出现 SNARC 效应；当手掌向上时，左手（手指数数的顺序与心理数字线的方向一致）出现典型的单手 SNARC 效应，但右手（手指数数的顺序与心理数字线的方向相反）未出现 SNARC 效应。这一单手 SNARC 效应的研究证实了以手为单位的左、右空间参照，但是由于存在手指数数顺序的影响，也不能完全否定以身体为单位的左、右空间参照。可见，单（左、右）、双手的数字－空间联合的表征方式可能也不相同。因此，有必要对视觉－空间与言语－空间双编码解释是否适用于单手（左手、右手），以及个体的数字－空间表征究竟是基于身体的空间参照还是基于单手的空间参照的问题进行研究。

5.4.1 研究目的

本研究对采用含有言语－空间信息的大小比较任务检验适用于双手任务的视觉－空间与言语－空间双编码解释是否适用于单手（左手、右手）任务，以及个体的数字－空间表征究竟是基于身体的空间参照还是基于单手的空间参照的问题进行研究。研究假设如下：视觉－空间与言语－空间双编码解释同样适用于单手，且个体在水平方向的数字－空间表征是基于身体的空间左、右参照。

5.4.2 研究方法

1. 被试

重新招募 30 名湖州师范学院大学生参加实验，其中男生 15 人，女生 15 人，被试年龄范围为 19 ～ 22 岁，平均年龄为 *M*=20.6 岁，*SD*=3.59 岁。所有被试均为右利手，且视力正常或矫正视力正常。所有被试此前均未参加过类似实验，在实验前均不知道实验的真实目的。实验结束后，被试会得到价值 20 元左右的小礼物作为报酬。

2. 实验设计

采用 3（反应手：左手、右手、双手）×2（词序：词序为正、词序为逆）×2（反应位置：反应位置为正、反应位置为逆）的被试内设计。词序为正是指反应词“左”呈现在目标刺激的左侧，“右”呈现在目标刺激的右侧；词序为逆是指反应词“左”呈现在目标刺激的右侧，“右”呈现在目标刺激的左侧。反应位置为正是指小数字需用左手按键反应，大数字需用右手按键反应；反应位置为逆是指小数字需用右手按键反应，大数字需用左手按键反应。反应手左手是指被试用左手的食指和中指进行反应；反应手右手是指被试用右手的食指和中指进行反应，反应手双手是指被试用左手或者右手的食指进行反应。因变量为反应时和错误率。

3. 实验仪器和材料

同实验 1a、2a 实验仪器和材料。

4. 实验程序

在三种反应手条件中，被试均需要执行含有 2 个 block 的大小比较任务，这 2 个 block 分别对应实验任务中与 5 进行比较时的不同反应组合。与 Gevers 等（2010）的实验 4 相似，在进行双手反应时，被试均被要求把他们的左手食指和右手食指分别放在对应的“V”键和“N”键上进行反应。在进行左手反应时，被试均被要求把他们的左手食指和中指分别放在对应的“N”键和“V”键上进行反应。在进行右手反应时，被试均被要求把他们的右手食指和中指分别放在对应的“V”键和“N”键上进行反应。每个 block 的实验共包括 40 个 trial。在每个实验 trial 开始时，显示屏正中间均会呈现“#”号注视点 750 ms，随后反应词“左”和“右”出现在显示屏上。其中，20 个 trial 的反应词是词序为正的条件，即以“左右”的形式呈现，另外 20 个 trial 的反应词是词序为逆的条件，即以“右左”的形式呈现。词序为正和词序为逆的条件随机呈现。随后出现目标刺激，目标刺激呈现和反应词呈现之间采用固定的时间间隔（SOA）。每个目标刺激呈现 40 词，其中 20 次词序为正，即反应词“左”在目标刺激的左边，“右”出现在目标刺激的右边。20 次词序为逆，即反应词“左”在目标刺激的右边，“右”出现在目标刺激的左边。并要求被试对呈现的目标刺激进行比较。在 block 1 中，若目标刺激小于 5，被试被要求对反应词“左”对应的一侧的键进行按键反应；若目标刺激大于 5，被试被要求对反应词“右”对应的一侧的键进行按键反应。由于在实验的每个 block 中，词序为正和词序为逆的条件随机出现，因此被试可能需要对“V”或“N”进行按键反应。block 2 与 block 1 的反应映射完全相反：若目标刺激小于 5，被试被要求对反应词“右”对应的一侧的键进行按键反应；若目标刺激大于 5，被试被要求对反应词“左”对应的一侧的键进行按键反应。被试反应之后，持续 1 000 ms 的空白屏，然后进入下一个新的 trial。每个任务用时约 20 min。被试每次实验仅需要完成一个单手或双手的实验，且任一两种实验之间的时间间隔至少为 2 天。单（左、右）、双手的顺序和两种 block 的顺序均在被试之间进行了平衡。

5.4.3 研究结果与分析

1. 方差分析结果

采用 SPSS 18.0 分别对平均反应时和错误率进行统计分析。先通过统计获得总体平均错误率为 7.9%，删除反应错误的 trial 后，再以大于或者小于反应时的 2 个标准差为标准，剔除极端数据，进一步剔除的极端数据占 2.8%。对错误反应进行 3（反应手：左手、右手、双手）×2（词序：词序为正、词序为逆）×2（反应位置：反应位置为正、反应位置为逆）的重复测量方差分析。结果显示，错误率数据的主效应和交互效应均没有达到显著性水平（$Ps > 0.05$）。

对正确反应的反应时进行 3（反应手：左手、右手、双手）×2（词序：词序为正、词序为逆）×2（反应位置：反应位置为正、反应位置为逆）的重复测量方差分析，结果如表 5–7 和图 5–17 所示。与实验 1a 和实验 1b 相同，重复测量方差分析结果表明，词序主效应显著，$F(1,29)=39.01$，$P < 0.001$，$\eta_p^2=0.62$。被试对词序为正时的数字（M=772 ms，SD=25.82）反应时快于对词序为逆时的数字（M=816 ms，SD=26.86）。反应手和反应位置主效应均不显著（$Fs < 1$）。重要的是，言语 – 空间和视觉 – 空间的交互作用显著，$F(1, 29)=12.03$，$P=0.002$，$\eta_p^2=0.33$。在词序为正的条件下，反应位置为正的反应时（M=723 ms，SD=26.18）快于反应位置为逆的反应时（M=822 ms，SD=31.59），$F(1, 29)=13.89$，$P=0.001$，$\eta_p^2=0.37$；相反，在词序为逆的条件下，反应位置为正的反应时（M=863ms，SD=33.83）慢于反应位置为逆的反应时（M=770 ms，SD=27.18），$F(1, 29)=9.75$，$P=0.005$，$\eta_p^2=0.29$。

表5-7 单、双手词序正常和异常情况下身体正序和身体逆序的反应时

单位：ms

反应手	词序为正		词序为逆	
	身体正序	身体逆序	身体正序	身体逆序
左手	728（188.6）	822（223.3）	858（250.5）	793（243.8）
右手	719（143.7）	855（188.5）	898（205.5）	780（158.4）
双手	721（166.9）	787（182.5）	832（204.9）	737（164.1）

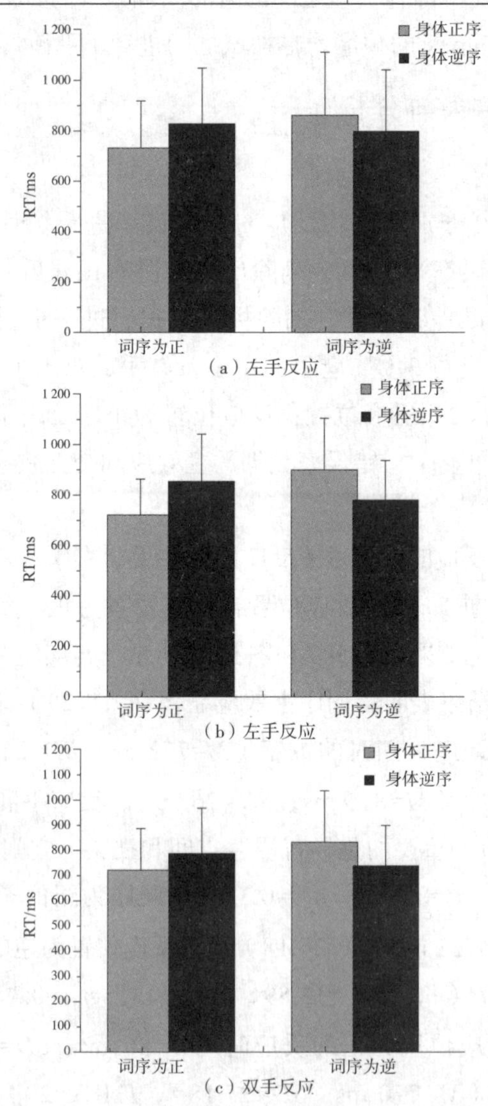

图 5-17 单、双手水平方向词序为正和词序为逆条件下身体正序和身体逆序的反应时

随后的分析显示，词序 × 反应位置交互作用在三种反应手条件下均显著（$Ps < 0.05$）。对左手、右手和双手而言，均表现为在词序为正的条件下，反应位置为正的反应时快于反应位置为逆的反应时（$Ps < 0.05$）；相反，在词序为逆的条件下，反应位置为正的反应时慢于反应位置为逆的反应时（$Ps < 0.05$）。词序 × 反应手交互作用不显著，$F(2, 58)=1.06$，$P=0.060$，$\eta_p^2=0.04$，反应位置 × 反应手交互作用不显著，$F(2, 58)=1.99$，$P=0.147$，$\eta_p^2=0.08$。词序 × 反应手 × 反应位置三元交互作用不显著，$F(2, 58)=1.28$，$P=0.286$，$\eta_p^2=0.05$。可见，适用于双手任务的 SNARC 效应视觉－空间与言语－空间双编码解释同样适用于单手任务，且言语－空间编码更占优势。对于单手（左手、右手）而言，均是更多地表现出小数字与言语－空间“左”相联结，大数字与言语－空间“右”相联结的趋势。

2. 回归分析结果

与实验 1a 和 2a 相同，对单、双手的反应数据分别进行词序为正和词序为逆条件下的线性回归分析。以每个目标刺激数字为预测变量，以对相同目标刺激数字的“N”键反应时减去“V”键反应时后所得的反应时差（dRT）作为预测变量，以回归斜率作为 SNARC 效应的指标，进行回归分析，结果如图 5–18 所示。左手反应在词序为正的条件下的回归斜率为 –28.38 ms/digit（SD=5.32，range：–38.86 ～ –17.89），在词序为的逆条件下的回归斜率为 21.15 ms/digit（SD=7.16，range：7.04 ～ 35.26）；右手反应在词序为的正条件下的回归斜率为 –44.49 ms/digit（SD=5.90，range：–56.12 ～ –32.86），在词序为逆的条件下的回归斜率为 35.93 ms/digit（SD=7.05，range：22.04 ～ 49.83）；双手反应在词序为正的条件下的回归斜率为 –15.43 ms/digit（SD=6.30，range：–27.86 ～ –3.01），在词序为逆的条件下的回归斜率为 28.46 ms/digit（SD=6.98，range：14.70 ～ 42.22）。对左、右手和双手而言，在词序为逆的条件下均出现了显著的 SNARC 效应。其中，左手反应的回归斜率显著性检测标准为 $t(29)=-5.33$，$P < 0.001$；右手反应的回归斜率显著性检测标准为 $t(29)=-7.54$，$P < 0.001$；双手反应的回归斜率显著性检测标准为 $t(29)=-2.45$，$P=0.015$。相反，左、右手和双手反应在词序为正的条件下均出现了反转的 SNARC 效应。其中，左手反应的回归斜率显

著性检测标准为 $t(29)=2.96$，$P=0.003$；右手反应的归斜率显著性检测标准为 $t(29)=5.10, P<0.001$；双手反应的归斜率显著性检测标准为 $t(29)=4.08$，$P<0.001$。

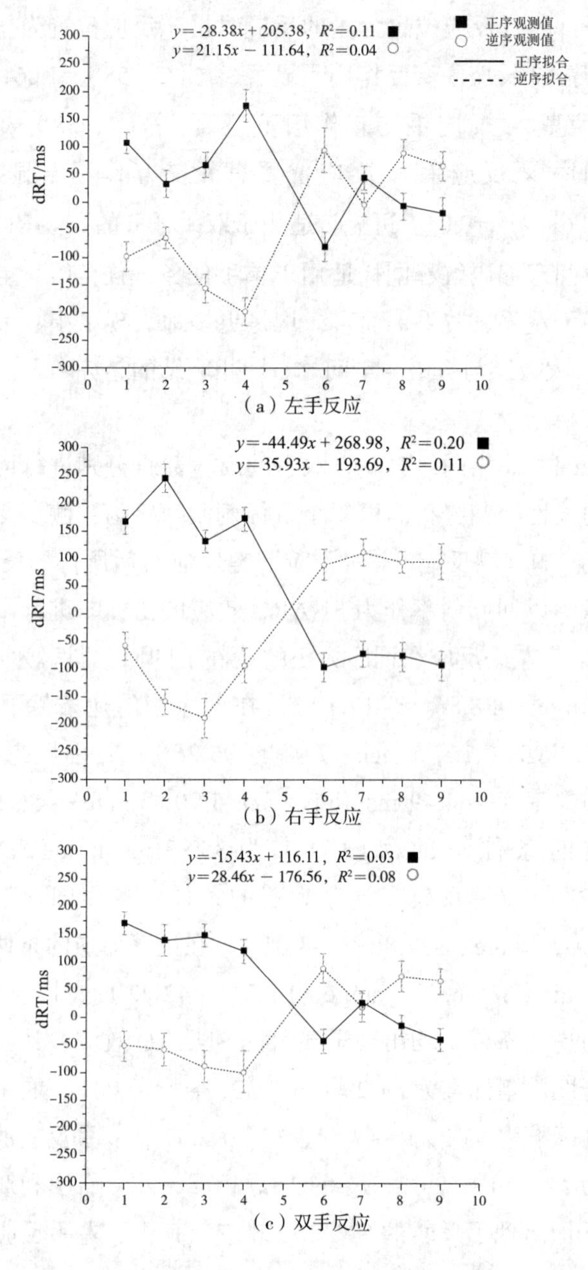

图 5-18　单、双手词序为正和词序为逆条件下的回归曲线

随后的分析显示，对左、右手和双手反应在词序为正和词序为逆的条件下的回归斜率的差异均显著，左手反应为 $F(1, 29) = 31.38$，$P < 0.001$，$\eta_p^2 = 0.06$；右手反应为 $F(1, 29) = 77.05$，$P < 0.001$，$\eta_p^2 = 0.15$；双手反应为 $F(1, 29) = 21.89$，$P < 0.001$，$\eta_p^2 = 0.05$。在词序为正与词序为逆的条件下，左手反应、右手反应和双手反应两两之间的回归斜率差异均不显著（$Fs < 1$）。左手反应、右手反应和双手反应在词序为正条件下的回归斜率均为负，在词序为逆的条件下的回归斜率均为负。这一研究结果与上述方差分析结果一致，两者共同支持了适用于双手任务的 SNARC 效应视觉 – 空间与言语 – 空间双编码解释同样适用于单手任务，且言语 – 空间编码更占优势。对于单手（左手、右手）而言，均是更多地表现出小数字与言语 – 空间"左"相联结，大数字与言语 – 空间"右"相联结的趋势。

5.4.4 讨论

实验 4 采用含有言语 – 空间信息的大小比较任务检验了视觉 – 空间与言语 – 空间双编码解释是否适用于单手（左手、右手），以及个体的数字 – 空间表征究竟是基于身体的空间参照还是基于单手的空间参照的问题。实验 4 方差分析与回归分析的结果共同支持了适用于双手任务的视觉 – 空间与言语 – 空间双编码解释同样适用于单手（左手、右手）任务。同时，实验结果证实了水平方向数字 – 空间表征中空间参照的灵活性。在双手任务中，是基于身体的左、右空间参照；但在单手任务中，是基于每个单手的左、右空间参照。也就是说，对单手（左手、右手）和双手而言，均表现出小数字更多地与言语 – 空间的"左"相联结，大数字更多地与言语 – 空间的"右"相联结的趋势。

与 Riello 和 Rusconi（2011）的研究结果不同，当手掌向下时，右手出现典型的单手 SNARC 效应，但左手未出现 SNARC 效应；Riello 和 Rusconi 的单手 SNARC 效应的研究证实了数字 – 空间联合的心理数字线解释。支持了以手为单位的左、右空间参照，否定了以身体为单位的左、右空间参照。但是 Dehaene 等人（1993）要求被试交叉左右手进行奇偶判断任务，结果仍然出现了典型的 SNARC 效应。也就是说，无论左、右手是否交叉，

SNARC 效应似乎是以身体中心为参照的，均是表现出身体左侧对小数字反应相对较快，身体右侧对大数字反应相对较快。但是，Wood 等人（2006）并没有复制出 Dehaene 等人 1993 年的研究结果。更多的前人研究中已发现数字 – 空间表征的具身空间参照框架效应（Fischer，2003；Gevers et al.，2006；Riello and Rusconi，2011）。对左侧视觉 – 空间忽略症病人的研究和对正常被试的大脑右半球进行经颅磁刺激（TMS）的研究（如 Doricchi et al.，2005；Göbel et al.，2006；Oliveri et al.，2004；Zorzi et al.，2002；相关综述见 Sandrini and Rusconi，2009；Umiltà et al.，2009；Sandrini et al.，2011）结果均显示，在数字分半任务中出现了向较大的数字偏移的系统性偏差。左侧视觉 – 空间忽略症病人在阿拉伯数字的大小判断任务中也表现出右偏的趋势，但是在奇偶判断任务中表现出完整的 SNARC 效应（Vuilleumier et al.，2004）。而对大脑右半球进行了经颅磁刺激（TMS）的正常被试在大小判断任务中的 SNARC 效应被减弱，但是在奇偶判断任务中总的 SNARC 效应未被减弱（Rusconi et al.，2011a，2011b）。可见，数字 – 空间表征可能存在灵活的空间参照策略。即在双手任务中，是基于身体的左、右空间参照；在单手任务中，可能是基于每个单手的左、右空间参照。

5.5 实验 5：SNARC 效应言语 – 空间编码的极性依赖性

虽然 SNARC 效应可以被视觉 – 空间与言语 – 空间双编码很好地解释，但是 Gevers 等人（2010）做出的这一解释仅限于右利手被试的水平 SNARC 效应中。根据 Proctor 和 Cho（2006）提出的极性对应解释，个体将刺激和反应编码分为正极（+）和负极（–），在数字大小上可以进行这样的极性编码，即小数自动编码为负极，大数自动编码为正极，同样，反应位置也可以进行这样的极性编码，身体左侧反应可以自动编码为负极，身体右侧反应可以自动编码为正极。相对而言，一致性的极性要比不一致性的极性反应快。因此，左手对小数反应时较快，而右手对大数反应时较快。但是 Casasanto（Casasanto，2009a，2009b，2011）提出的身体特异假设（body-specificity hypothesis，简称 BSH）认为，对于左利手的个体而言，其在水平方向上的正负极性分布可能与右利手个体的正负极性分布不同，也就是说，对于右利手个体而言，左侧对应负极，右侧对应正极。但是，对于左利手个体而言，身体极性可能正好相反，即左侧对应正极，右侧对应负极。后续的研究（Marmolejo–Ramos et al.，2013；Suitner et al.，2017）也从不同角度证实了这一结论。不同的是，Huber、Klein、Graf、Nuerk、Moeller 和 Willmes（2015）通过个位数奇偶判断任务研究了左利手和右利手被试的 SNARC 效应。结果发现左利手与右利手被试的个位数的 SNARC 效应没有差异，这一结论与 Dehaene 等人（1993）的研究结论一致。而数字 – 空间表征的视觉 – 空间与言语 – 空间双编码解释本身正是在整合了极性对应解释的基础上提出的。所以，适用于水平方向右利手被试的视觉 – 空间与言语 – 空间双编码解释是否同样适用于水平方向左利手被试将成为另一个有待进一步检验的问题。

5.5.1 实验 5 a

1. 研究目的

作为左利手被试 SNARC 效应视觉 – 空间与言语 – 空间双编码解释的基线研究，本研究采用经典大小比较任务检验适用于水平方向右利手被试适用的数字 – 空间联合方向（小数字与左侧空间联合，大数字与右侧空间联合）是否同样适用于水平方向的左利手被试。从实验 4 的结果可以推测，在水平方向右利手被试表现出显著的身体左、右空间参照。对左利手被试而言，虽然可能存在与右利手相反的空间极性，但是也可能导致左利手被试将小数字与左侧空间联合，大数字与右侧空间联合。研究假设如下：左利手被试的数字 – 空间联合方向与右利手被试的数字 – 空间联合方向相反，表现为小数字与右侧空间联合，大数字与左侧空间联合。

2. 研究方法

（1）被试

使用 Oldfield 等人（1971）编制的爱丁堡左右利手问卷在湖州师范学院大学生中筛选出左利手被试 30 名。其中，男生 15 人，女生 15 人，被试年龄范围为 18 ～ 22 岁，平均年龄为 M=20.0 岁，SD=1.13 岁。所有被试视力正常或矫正视力正常，且此前均未参加过同类实验，在实验前均不知道实验的真实目的。实验结束后，被试会得到 15 元人民币或者价值 15 元左右的小礼物作为报酬。右利手被试为实验 3a 的右利手被试。

（2）实验设计

采用 3（数字符号：阿拉伯数字、中文简体数字、中文繁体数字）×2（数字大小：小数字、大数字）×2（反应方向：左手反应、右手反应）×2（利手：左利手、右利手）的混合设计。其中，数字符号、数字大小及反应位置为被试内变量，利手为被试间变量。小数字是指大小比较任务中小于 5 的目标刺激，即 1 ～ 4 的数字；大数字是指大小比较任务中大于 5 的目标刺激，即 6 ～ 9 的数字。左手反应是指对目标刺激用左手食指按键做出的反应；右手反应是指对目标刺激用右手食指按键做出的反应。阿拉伯数字是指目标刺激以阿拉伯数字形式（如 1，2，3）呈现；中文简体数字是指目标刺激以中文简体数字形式（如一、二、三）呈现；中文繁体数字是指目标刺激以中文繁体数字形式（如壹、贰、叁）呈现。通过爱丁堡左右利手问卷筛选出的得分在 –40 分以下的大学生为左利手，若得分在 –40 ～ 40，为双手均衡，若得分在 40 以上的则为右利手。因变量为反应时和错误率。

（3）实验仪器和材料

实验仪器和材料同实验 3a。

（4）实验程序

实验程序同实验 3a，具体实验流程图见实验 3a（图 5–11）。

3. 研究结果与分析

（1）方差分析结果

采用 SPSS 18.0 分别对平均反应时和错误率进行统计分析。首先通过统计获得总体平均错误率为 3.3%，删除反应错误的 trial 后，再以大于或者小于反应时的 2 个标准差为标准，剔除极端数据，进一步剔除的极端数据占 2.3%。对错误反应进行 3（数字符号：阿拉伯数字、中文简体数字、中文繁体数字）×2（数字大小：小数字、大数字）×2（反应方向：左手反应、右手反应）×2（利手：左利手、右利手）重复测量方差分析，结果显示，错误率数据的主效应和交互效应均没有达到显著性水平（$Ps > 0.05$）。

对正确反应的反应时进行 3（数字符号：阿拉伯数字、中文简体数字、中文繁体数字）×2（数字大小：小数字、大数字）×2（反应方向：左手反应、右手反应）×2（利手：左利手、右利手）重复测量方差分析。结果如表 5–8 和图 5–19 所示。方差分析的结果表明，利手主效应不显著（$F<1$），左利手被试的反应时（M=538 ms，SD=12.36）与右利手被试的反应时（M=534 ms，SD=10.02）没有达到统计意义上的差异。数字符号主效应显著，$F(2,58)=75.73$，$P<0.001$，$\eta_p^2=0.73$。被试对阿拉伯数字（M=508 ms，SD=8.26）的反应时快于中文简体数字（M=519 ms，SD=8.22）和中文繁体数字（M=581 ms，SD=9.28），被试对中文简体数字的反应时快于中文繁体数字。数字大小主效应不显著，$F(1, 29)=3.35$，$P=0.073$，$\eta_p^2=0.06$，被试对小数字的反应时（M=539 ms，SD=8.61）与被试对大数字的反应时（M=533 ms，SD=7.58）没有达到统计学意义上的差异。反应位置主效应不显著（$F<1$）。数字大小和反应方向的交互作用显著，$F(1, 29)=28.88$，$P<0.001$，$\eta_p^2=0.34$。当被试对小数字进行反应时，左手反应时（M=521 ms，SD=7.27）快于右手反应时（M=556 ms，SD=11.60），$F(1, 29)=16.87$，$P<0.001$，$\eta_p^2=0.23$；相反，当被试对大数字进行反应时，右手反应时（M=514 ms，SD=6.83）快于左手反应时（M=553 ms，SD=9.34），$F(1, 29)=38.77$，$P<0.001$，$\eta_p^2=0.41$。

表5–8　左利手被试经典大小比较任务中不同数字大小的反应时

单位：ms

数字符号	小数字		大数字	
	左手反应	右手反应	左手反应	右手反应
阿拉伯数字	497（14.4）	528（13.7）	533（13.4）	485（13.5）
中文简体数字	511（12.3）	530（13.0）	532（12.3）	494（9.2）
中文繁体数字	579（15.1）	595（12.7）	593（12.9）	573（13.1）

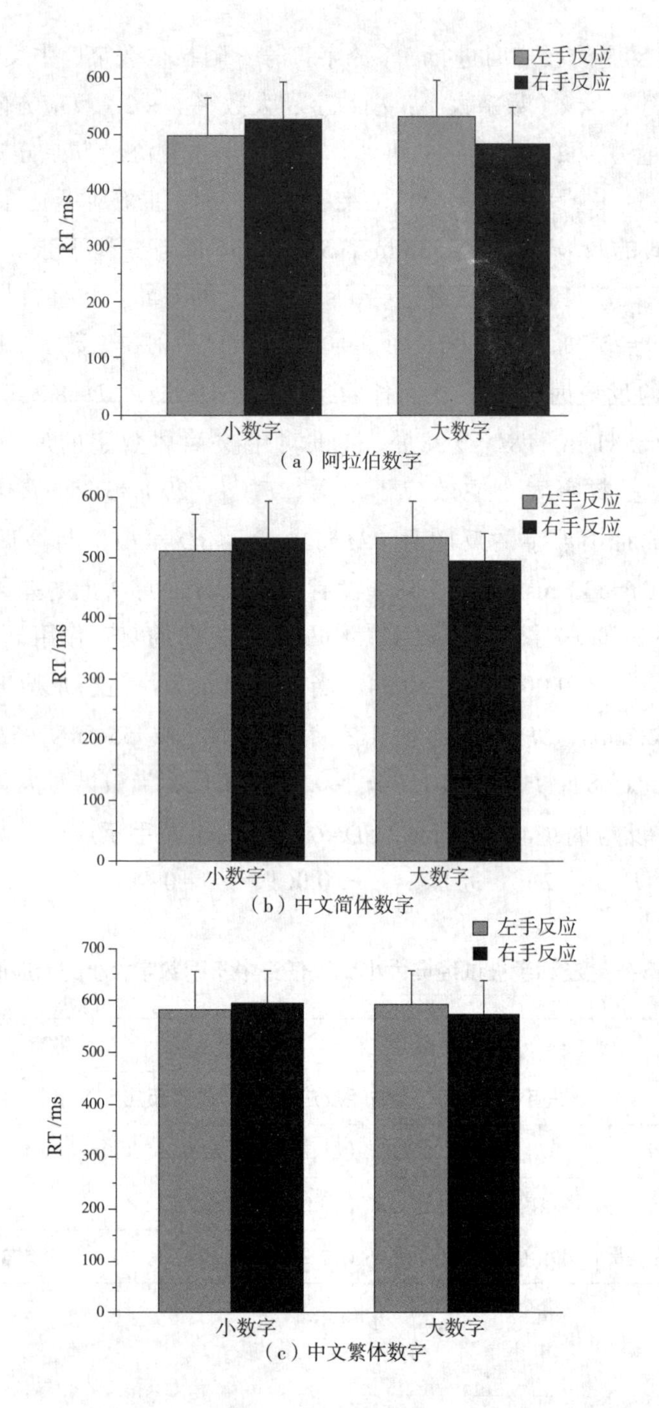

图 5-19　左利手被试经典大小比较任务中大小数字的左、右手反应时

随后的分析显示，数字大小 × 反应方向交互作用在三种数字符号条件下均显著（$Ps < 0.05$）。对三种数字符号而言，均表现为被试对小数字进行反应，左手的反应时快于右手的反应时（$Ps < 0.05$）；对大数字进行反应时，右手的反应时快于左手的反应时（$Ps < 0.05$）。数字大小 × 数字符号交互作用不显著，F（2，58）=1.77，P=0.18，η_p^2 =0.06，反应方向 × 数字符号交互作用不显著（$F < 1$）。数字大小 × 数字符号 × 反应方向三元交互作用不显著（$F < 1$）。可见，左利手被试与右利手被试一样，采用经典大小比较任务时三种数字符号的结果均出现了典型的 SNARC 效应。即对左利手被试而言，阿拉伯数字、中文简体数字、中文繁体数字三种数字符号均表现出小数字与空间的左侧相联合，大数字与空间的右侧相联合的特点。

（2）回归分析结果

按照 Fias 等（1996）采用的经典的回归统计思路，对三种数字符号分别进行线性回归分析。以每个目标刺激数字为预测变量，以对相同目标刺激数字的右手反应时减去左手反应时后所得的反应时差（dRT）作为预测变量，以回归斜率作为 SNARC 效应的指标，进行回归分析，结果如图 5–20 所示。阿拉伯数字的回归斜率为 –14.08 ms/digit（SD=1.99，range：–18.00 ～ –10.17），中文简体数字的回归斜率为 –10.71 ms/digit（SD=2.02，range：–14.68 ～ –6.73），中文繁体数字的回归斜率为 –6.92 ms/digit（SD=2.05，range：–10.95 ～ –2.88）。三种数字均出现了典型的 SNARC 效应。其中，阿拉伯数字回归曲线的显著性检验标准为 t（29）=–6.09，$P < 0.001$；中文简体数字回归曲线的显著性检验标准为 t（29）=–5.31，$P < 0.001$；中文繁体数字回归曲线的显著性检验标准为 t（29）=–3.38，P=0.001。随后的分析显示，三种数字符号两两之间的回归斜率差异均不显著（$Fs < 1$）。这一研究结果与上述方差分析结果一致，两者共同支持了左利手被试在三种数字符号条件下，采用经典大小比较任务均出现了典型的 SNARC 效应。

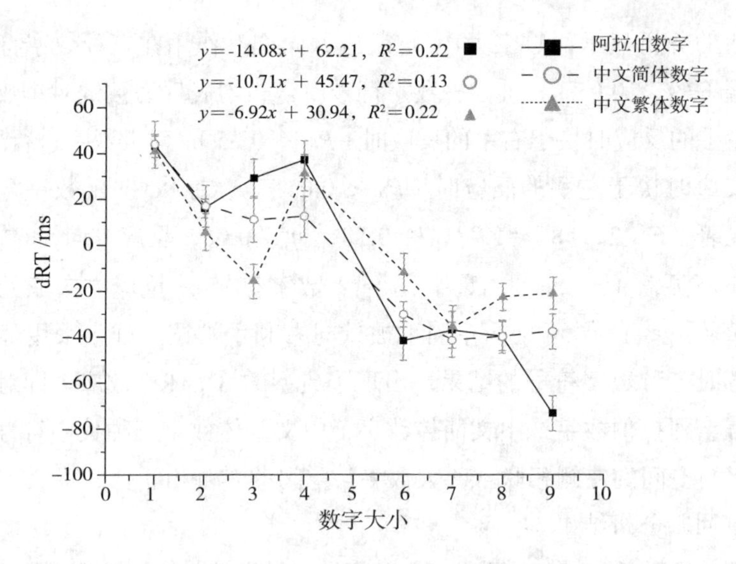

图 5-20　左利手被试经典大小任务中数字大小与左、右手反应时差的回归曲线

4. 讨论

实验 5 a 采用经典的大小比较任务检验了左利手被试在阿拉伯数字、中文简体数字和中文繁体数字三种数字符号是否会出现经典的水平 SNARC 效应。具体而言，即是否会表现出小数字与左侧相联合，大数字与右侧相联合的趋势。与研究假设相反的是，实验 5a 方差分析与回归分析的结果共同证实了左利手被试在阿拉伯数字、中文简体数字、中文繁体数字三种数字符号条件下，采用经典的大小比较任务均出现了经典的水平 SNARC 效应，且均表现为小数字与左侧联结，大数字与右侧联结的趋势。这一研究结果与 Dehaene 等人（1993）和 Huber 等人（2015）的研究结果相同。按照 Casasanto（2009a，2009b）的身体特异假设（body-specificity hypothesis，BSH）以及 Proctor 和 Cho（2006）提出的极性对应解释，对于左利手的个体而言，在水平方向应该出现弱的 SNARC 效应或者反转的 SNARC 效应。具体表现为左手与大数字联合，右手与小数字联合的趋势。本实验中左利手被试与右利手被试的水平 SNARC 效应结果一致，按照 Huber 等人（2015）的解释，可能与被试左利手的程度有关。左利手程度越强，对数字 - 空间联合方向的影响越大。

5.5.2 实验 5 b

1. 研究目的

采用含有言语 – 空间信息的大小比较任务检验水平方向适用于右利手被试的视觉 – 空间与言语 – 空间双编码解释是否同样适用于左利手被试。由于实验 5 a 的研究结果已经显示了左利手被试在经典大小比较任务中表现出与右利手被试相同的数字 – 空间联合趋势。因此，研究假设如下：视觉 – 空间与言语 – 空间双编码解释适用于左利手被试，且左利手被试也会表现出与右利手被试相同的数字 – 空间联合方向，即小数字与言语 – 空间“左”相联合，大数字与言语 – 空间“右”相联合。

2. 研究方法

（1）被试

在湖州师范学院大学生中重新招募了 30 名左利手被试参加实验。其中，男生 15 人，女生 15 人，被试年龄范围为 18 ～ 22 岁，平均年龄为 *M*=20.6 岁，*SD*=0.93 岁。左、右利手被试的筛选同实验 5a。所有被试视力正常或矫正视力正常，此前均未参加过同类实验，且在实验前均不知道实验的真实目的。实验结束后，被试会得到价值 20 元左右的小礼物作为报酬。右利手被试为实验 1a 的右利手被试。

（2）实验设计

采用 2（词序：词序为正、词序为逆）× 2（反应位置：反应位置为正、反应位置为逆）× 3（数字符号：阿拉伯数字、中文简体数字、中文繁体数字）× 2（利手：左利手、右利手）的混合设计。其中，数字符号、词序及反应位置为被试内变量，利手为被试间变量。词序为正是指反应词“左”呈现在目标刺激的左侧，“右”呈现在目标刺激的右侧；词序为逆是指反应词“左”呈现在目标刺激的右侧，“右”呈现在目标刺激的左侧。反应位置为正是指小数字需要用左手按键反应，大数字需要用右手按键反应；反应位置为逆是指小数字需要用右手按键反应，大数字需要用左手按键反应。通过爱丁堡左右利手问卷筛选出的得分在 –40 分以下的大学生为左利手，若得分在 –40 ～ 40，为双手均衡，若得分在 40 以上的则为右利手。因变量为反应时和错误率。

（3）实验仪器和材料

实验仪器和材料同实验 1a。

（4）实验程序

实验程序同实验 1a。

3. 研究结果与分析

（1）方差分析结果

采用 SPSS 18.0 分别对平均反应时和错误率进行统计分析。先通过统计获得总体平均错误率为 6.0%，删除反应错误的 trial 后，再以大于或者小于反应时的 2 个标准差为标准，剔除极端数据，进一步剔除的极端数据占 2.4%。对错误反应进行 2（词序：词序为正、词序为逆）×2（反应位置：反应位置为正、反应位置为逆）×3（数字符号：阿拉伯数字、中文简体数字、中文繁体数字）×2（利手：左利手、右利手）重复测量方差分析，结果显示，错误率数据的主效应和交互效应均没有达到显著性水平（$Ps > 0.05$）。

对正确反应的反应时进行 2（词序：词序为正、词序为逆）×2（反应位置：反应位置为正、反应位置为逆）×3（数字符号：阿拉伯数字、中文简体数字、中文繁体数字）×2（利手：左利手、右利手）重复测量方差分析。重复测量方差分析的结果表明，数字符号主效应显著，$F(2, 58)=26.30$，$P < 0.001$，$\eta_p^2=0.37$。其中，被试对阿拉伯数（M=788 ms，SD=36.62）和中文简体数字（M=826 ms，SD=41.15）的反应快于中文繁体数字（M=1 002 ms，SD=41.15）。词序主效应显著，$F(1, 58)=34.07$，$P < 0.001$，$\eta_p^2=0.38$。被试对词序为正时的数字（M=850 ms，SD=34.04）反应时快于对词序为逆时的数字（M=894 ms，SD=35.81）反应时。反应位置主效应不显著 $F(1, 58)=5.33$，$P=0.091$，$\eta_p^2=0.06$。利手主效应不显著（$F < 1$）。重要的是，词序和反应位置的交互作用显著，$F(1, 58)=4.71$，$P=0.035$，$\eta_p^2=0.10$。且词序 × 反应位置 × 利手交互作用显著，$F(1, 58)=4.41$，$P=0.041$，$\eta_p^2=0.09$。词序 × 利手交互作用不显著，$F(1, 58)=1.85$，$P=0.181$，$\eta_p^2=0.04$。反应位置 × 利手交互作用显著，$F(1, 58)=10.62$，$P=0.002$，$\eta_p^2=0.19$。词序 × 反应位置 × 数字符号三元交互作用不显著（$F < 1$）。

由实验 1a 可知，对右利手被试而言，词序和反应位置的交互作用显著，词序 × 反应位置交互作用在三种数字符号条件下均显著。对三种数字符号而言，均表现为在词序为正的条件下，反应位置为正的反应时快于反应位置为逆的反应时；相反，在词序为逆的条件下，反应位置为正的反应时慢于反应位置为逆的反应时。对于右利手被试而言，三种数字符号的结果均支持了视觉 – 空间与言语 – 空间双编码解释。进一步对左利手被试的数据进行检验，结果如表 5–9 和图 5–21 所示。左利手被试数字符号主效应显著，F（2，58）=6.40，P=0.010，η_p^2 =0.46。被试对阿拉伯数（M=835 ms，SD=84.67）和中文简体数字（M=838 ms，SD=79.80）的反应快于中文繁体数字（M=981 ms，SD=81.83）的反应。词序主效应显著，F（1，29）=9.86，P=0.006，η_p^2 =0.38。被试对词序为正时的数字（M=868 ms，SD=34.04）反应时快于对词序为逆时的数字（M=901 ms，SD=35.81）反应时。反应位置主效应显著 F（1，29）=5.33，P=0.035，η_p^2 =0.25。词序和反应位置的交互作用不显著（F < 1）。数字符号 × 词序交互作用不显著，F（1，29）=1.10，P=0.358，η_p^2 =0.13。反应位置 × 数字符号主效应不显著，F（1，29）=3.18，P=0.071，η_p^2 =0.30。词序 × 反应位置 × 数字符号三元交互作用不显著（F < 1）。可见，对左利手被试而言，词序和反应位置的交互作用不显著，词序 × 反应位置交互作用在三种数字符号条件下均不显著。而反应位置主效应显著，且反应位置和数字符号交互作用不显著，也就是说，反应位置在三种数字符号条件下均显著。因此，本结果支持了 SNARC 效应的视觉 – 空间编码解释，而拒绝了视觉 – 空间与言语 – 空间双编码解释。

表5–9　左、右利手在词序正常和异常情况下身体正序和身体逆序的反应时

单位：ms

数字符号	词序为正		词序为逆	
	身体正序	身体逆序	身体正序	身体逆序
阿拉伯数字	797（25.8）	850（30.7）	832（28.1）	866（28.3）
中文简体数字	796（23.4）	869（30.3）	805（31.7）	880（26.8）
中文繁体数字	955（26.9）	940（30.6）	1017（33.4）	1012（32.4）

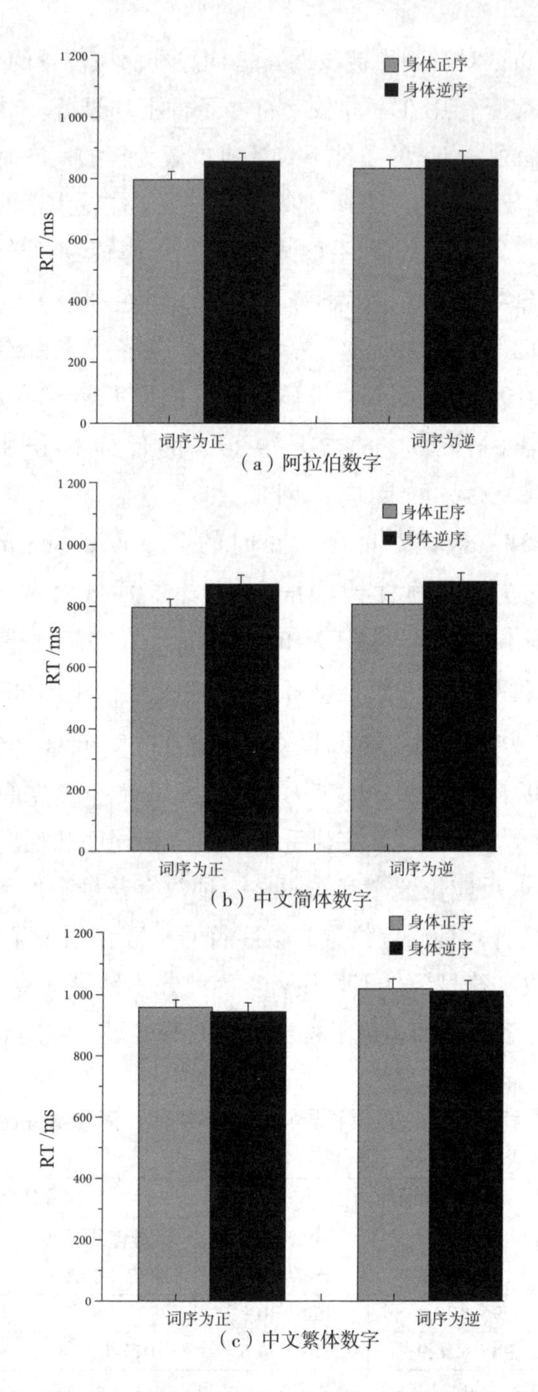

图 5-21　左利手被试词序为正和词序为逆条件下身体正序和身体逆序的反应时

（2）回归分析结果

与实验 1a 的实验回归分析相同，对三种数字符号分别进行词序为正和词序为逆条件下的线性回归分析。以每个目标刺激数字为预测变量，以对相同目标刺激数字的右手反应时减去左手反应时后所得的反应时差（dRT）作为预测变量，以回归斜率作为 SNARC 效应的指标，进行回归分析，结果如图 5–22 所示。对左利手被试而言，阿拉伯数字在词序为正条件下的回归斜率为 -11.31 ms/digit（*SD*=11.4，range：-33.75 ～ 11.14），在词序为逆条件下的回归斜率为 -14.88 ms/digit（*SD*=10.23，range：-35.09 ～ 5.34）；中文简体数字在词序为正条件下的回归斜率为 -24.33 ms/digit（*SD*=5.90，range：-46.30 ～ –2.37），在词序为逆条件下的回归斜率为 -24.98 ms/digit（*SD*=10.29，range：-45.35 ～ -4.61）；中文繁体数字在词序为正条件下的回归斜率为 2.70 ms/digit（*SD*=12.81，range：-22.65 ～ 28.04），词序为逆条件下的回归斜率为 2.50 ms/digit（*SD*=16.30，range：-29.74 ～ 34.74）。对中文简体数字而言，词序为正和词序为逆条件下均出现了显著的典型 SNARC 效应。中文简体数字词序为正的回归曲线的显著性检验标准为 t(29）=-2.19，P=0.030；中文简体数字词序为逆的回归曲线的显著性检验标准为 t（29）=-2.43，P=0.017。阿拉伯数字和中文繁体数字在词序为正和词序为逆的条件下均未出现 SNARC 效应。其中，阿拉伯数字词序为正的回归曲线的显著性检验标准为 t（29）=-1.00，P=0.321；阿拉伯数字词序为逆的回归曲线的显著性检验标准为 t（29）=-1.45，P=0.148；中文繁体数字词序为正的回归曲线的显著性检验标准为 t（29）=0.21，P=0.834；中文繁体数字词序为逆的回归曲线的显著性检验标准为 t（29）=0.15，P=0.878。随后的分析显示，对阿拉伯数字、中文简体数字和中文繁体数字而言，在词序为正和词序为逆条件下的回归斜率的差异均不显著，（Fs < 1）。这一研究结果与上述方差分析结果一致之处在于，两者共同证实了对左利手被试而言，中文简体数字条件下的结果存在视觉－空间编码的解释，拒绝了视觉－空间与言语－空间双编码的解释。与方差分析结果不一致之处在于，回归分析结果显示，在阿拉伯数字符号和中文繁体数字条件下，词序为正和词序为逆条件下均未出现 SNARC 效应。由实验 5a 研究结果可知，采用 SNARC 效应经典大

小比较任务，在阿拉伯数字和中文繁体数字条件下，左利手被试均出现典型的 SNARC 效应。由此也可谨慎地推断出视觉－空间与言语－空间双编码解释并不适用于左利手被试。

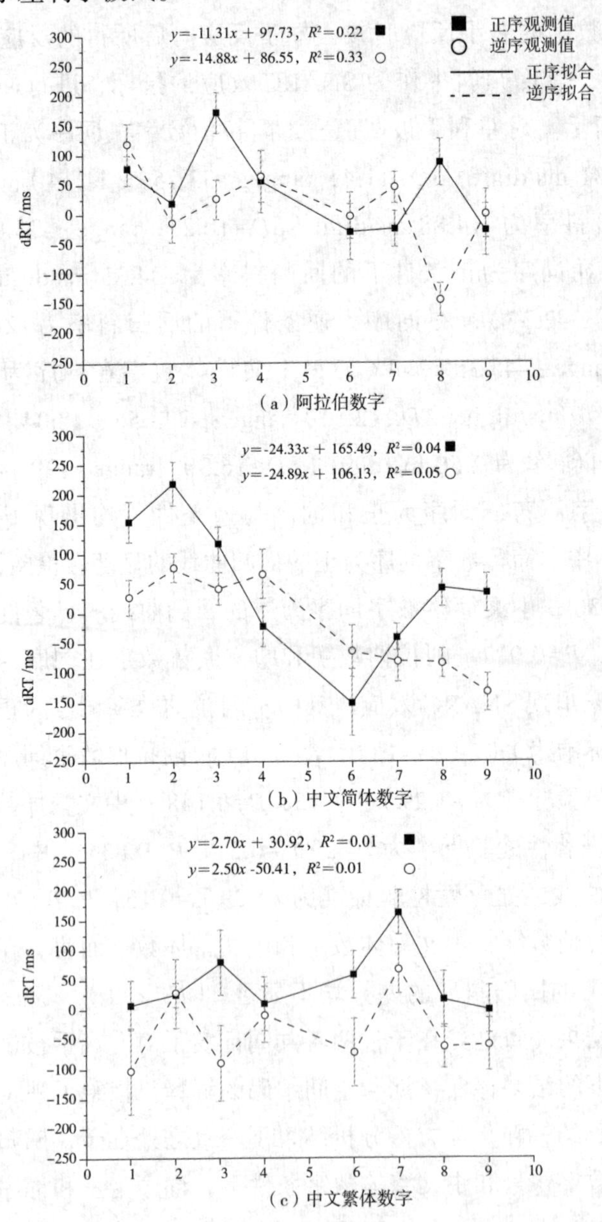

图 5-22　左利手被试在词序为正和词序为逆条件下的回归曲线

4. 讨论

实验 5 a 作为实验 5 b 的基线研究，采用经典大小比较任务检验了左利手被试的 SNARC 效应是否存在，以及对于左利手被试而言，是否表现为小数字与左侧空间相联合，大数字与右侧空间相联合的趋势。实验 5a 的方差分析与回归分析结果一致显示，左利手被试在水平方向上也存在 SNARC 效应。且与右利手被试在水平方向上的 SNARC 效应一致，左利手被试的数字 – 空间联合编码的方向也表现为小数字与左侧空间相联合，大数字与右侧空间相联合的趋势。在实验 5a 研究结果的基础上，实验 5b 采用含有言语 – 空间信息的大小比较任务来检验左利手被试的视觉 – 空间与言语 – 空间双编码问题。实验 5b 的方差分析与回归分析的结果共同支持了左利手被试在中文简体数字符号条件下存在视觉 – 空间编码的解释，拒绝了言语 – 空间编码的解释。实验 5b 的方差分析结果支持了在阿拉伯数字和中文繁体数字条件下，左利手被试的视觉 – 空间编码解释，拒绝了视觉 – 空间与言语 – 空间双编码解释；回归分析结果显示，阿拉伯数字和中文繁体数字在词序为正和词序为逆的条件下，均未出现 SNARC 效应，未能明确地支持视觉 – 空间编码解释，拒绝了视觉 – 空间与言语 – 空间双编码解释。

实验 5 a 和 5 b 在关于数字 – 空间表征方向的研究结果与 Dehaene 等人（1993）和 Huber 等人（2015）的研究结果相同。按照身体特异假设（Casasanto，2009a，2009b），左利手应该将小数字与右侧空间相联合，大数字与左侧空间联合。本实验中左利手被试与右利手被试的水平 SNARC 效应结果一致，其原因可能有以下几个方面：第一，左利手和右利手个体对数字和左、右空间的极性分类本身就不存在差异；第二，正如 Huber 等人（2015）的解释，可能与被试左利手的程度有关，即左利手程度越强，对数字 – 空间联合方向的影响越大；第三，以往的研究发现的左利手与右手里数字 – 空间联合方向的差异，可能不是由左利手或右利手造成的，而是由手指数数的方向不同造成的。例如，Lindemann 等人（2011）的研究发现中东被试（其手指数数方向与典型西方被试的手指数数方向相反）出现了与西方被试相反的反转 SNARC 效应。因此，结合实验 5a、5b 可得出的结论是视觉 – 空间与言语 – 空间双编码解释并不适用于左利手被试，其会受到左利手、右利手极性不同的影响。对左利手被试而言，中文简体数字条件下表现出小数字与视觉－空间“左”相联合，大数字与视觉－空间“右”在相联合的趋势。阿拉伯数字和中文繁体数字条件下也可能会表现出小数字与视觉－空间“左”相联合，大数字与视觉－空间“右”相联合的趋势。

5.6 实验 6：SNARC 效应言语－空间编码的文化依赖性

先前的研究发现，不同的阅读习惯背景下的被试 SNARC 效应结果不同。例如，Dehaene、Bossini 和 Giraux（1993，实验 7）对刚刚移民到法国的伊朗被试进行了实验，结果出现了弱的 SNARC 效应。对伊朗被试而言，他们的母语的阅读和书写习惯是自右向左的，法语的阅读和书写习惯是自左向右。随后的几个研究进一步证实了阅读和书写方式对 SNARC 效应的影响。Zebian（2005）研究发现，对阿拉伯语言－英语双语被试（阿拉伯语和英语具有相互对立的阅读和书写习惯，阿拉伯语是自右向左的阅读和书写方向，英语是自左向右的阅读和书写方向）进行实验，结果出现了弱的反转 SNARC 效应。Shaki、Fischer 和 Petrusic（2009）对比了加拿大被试（他们对数字和文字的阅读和书写习惯均是自左向右）、巴勒斯坦被试（他们对数字和文字的阅读和书写习惯均是自左向右）和以色列被试（他们对数字的阅读和书写习惯是自左向右，对文字的阅读和书写习惯是自右向左）。Shaki 等人发现，在加拿大被试组中出现了经典的 SNARC 效应；在巴勒斯坦被试组中出现了反转的 SNARC 效应；而在以色列被试组中没有出现 SNARC 效应。Fischer、Shaki 和 Cruise（2009）分别将数字呈现在俄语（阅读和书写习惯是自左向右）语境和希伯来语（阅读和书写习惯是自右向左）语境中对同一组俄语－希伯来语双语被试进行实验，对比其 SNARC 效应。结果发现，当数字在俄语语境下呈现时，出现了 SNARC 效应；但是当数字在希伯来语语境下呈现时，没有出现 SNARC 效应。这意味着 SNARC 效应不仅与阅读习惯有关，还与实验任务中目标刺激呈现的语言环境有关。

虽然视觉－空间与言语－空间双编码解释是通过对具有自左向右阅读

习惯的被试进行实验获得的证据（Gevers et al.，2010；Imbo，Fias，and Gevers，2012），但是视觉－空间与言语－空间双编码解释是否适用于既有自左向右阅读习惯又有自右向左阅读习惯的双语被试，有待考证。更进一步，对双语被试而言，视觉－空间与言语－空间双编码解释是否既适用于实验任务中自左向右的语境又适用于实验任务中自右向左的语境，也有待于进一步考证。

5.6.1 研究目的

检验视觉－空间与言语－空间双编码解释是否适用于既有自左向右阅读习惯又有自右向左阅读习惯的双语被试。同时，进一步检验，对双语被试而言，视觉－空间与言语－空间双编码解释是否既适用于实验任务中自左向右的语境又适用于实验任务中自右向左的语境。研究假设如下：SNARC 效应的视觉－空间与言语－空间双编码解释依赖被试的阅读方向和实验任务中呈现的语境的阅读方向。

5.6.2 研究方法

1. 被试

在湖州师范学院重新招募了 30 名汉语大学生，其中女生 19 人，男生 11 人。汉语被试年龄在 18 ～ 23 岁，平均年龄为 M=21.05 岁，SD=1.6。在湖州师范学院继续教育学院招募了 60 名维－汉双语被试，其中男生 28 人，女生 32 人，维－汉双语被试的年龄范围为 23 ～ 28 岁，平均年龄为 M=24.89 岁；SD=1.8。维－汉双语被试的母语为维吾尔语，第二语言为汉语。他们的汉语水平达到汉语水平测试（chinese proficiency test，HSK）的三级水平。对汉语水平测试而言，三级水平意味着他们可以使用汉语进行基本的日常生活、学习和工作等交流。通过随机分组，将 60 名维－汉双语被试随机分为两组，30 人（17 名女生，年龄在 24 ～ 28 岁，平均年龄 M=25.37 岁；SD=1.7）参加实验任务为汉语（左，右）呈现的实验，该组被试被命名为汉语条件下的维－汉双语组，另外的 30 人（15 名女生，年龄在 24 ～ 28 岁，平均年龄 M=24.40 岁；SD=1.8）参加实验任务为维语（左—سول，右—ئوڭ）

呈现的实验，该组被试被命名为维语条件下的维－汉双语组。

实验中的所有被试均是右利手，且视力正常或者矫正视力正常。所有被试此前均未参加过同类实验，他们在实验前也不知道实验的真实目的。实验结束后被试会得到价值 20 元的小礼物作为报酬。

2. 实验设计

采用 3（被试组：汉语被试、汉语条件下的维－汉双语被试、维语条件下的维－汉双语被试）×2（词序：词序为正、词序为逆）×2（反应位置：反应位置为正、反应位置为逆）的混合设计。其中，词序、反应位置均为被试内设计，被试组为被试间设计。词序为正是指反应词“上”呈现在目标刺激的上端，“下”呈现在目标刺激的下端；词序为逆是指反应词“上”呈现在目标刺激的下端，“下”呈现在目标刺激的上端。反应位置为正是指小数字需用左手按键反应，大数字需用右手按键反应；反应位置为逆是指小数字需用右手按键反应，大数字需用左手按键反应。因变量为反应时和错误率。

3. 实验仪器和材料

实验仪器和材料与实验 1a、1b 和 2a、2b 相同。

4. 实验程序

为了平衡左右利手的误差，所有被试均需执行含有 2 个 block 的大小比较任务，这 2 个 block 分别对应实验任务中与 5 进行比较时的不同反应组合。三组被试均被要求把左手食指和右手食指分别放在对应的“A”键和“L”键上进行反应。每个 block 的实验共包括 40 个 trial。在每个实验 trial 开始时，显示屏正中间均会呈现“#”号注视点 750 ms，随后反应词“左”和“右”出现在显示屏上。其中，20 个 trial 的反应词是词序为正的条件，即以“左 右”的形式呈现，另外 20 个 trial 的反应词是词序为逆的条件，即以“右 左”的形式呈现。词序为正和词序为逆的条件随机呈现。随后出现目标刺激，目标刺激呈现和反应词呈现之间采用固定的 SOA（SOA=800 ms）。每个目标刺激呈现 40 词，其中 20 次词序为正，即反应词“左”在目标刺激的左边，“右”出现在目标刺激的右边；20 次词序为逆，即反应词“左”在目标刺激的右边，“右”出现在目标刺激的左边。并要求被试对呈现的目标刺激进行比较。在 block 1 中，若目标刺激小于 5，被试被要求对反应词“左”对应的一侧的键进行按键反应；若目标刺激大于 5，被试被要求对反应词“右”对应的一侧的键进行按键反应。由于在实验的每个 block 中，词序为正和词序为逆的条件是随机出现的，因此被试可能需要对“A”或“L”进行按键反应。block 2 与 block 1 的反应映射完全相反：若目标刺激小于 5，被试被要求对反应词“右”对应的一侧的键进行按键反应；若目标刺激大于 5，被试被要求对反应词“左”对应的一侧的键进行按键反应。被试反应之后，持续 1 000 ms 的空白屏，然后进入下一个新的 trial。每个任务用时约 20 min。两种 block 的顺序在被试之间进行了平衡。实验流程如图 5–23 所示。

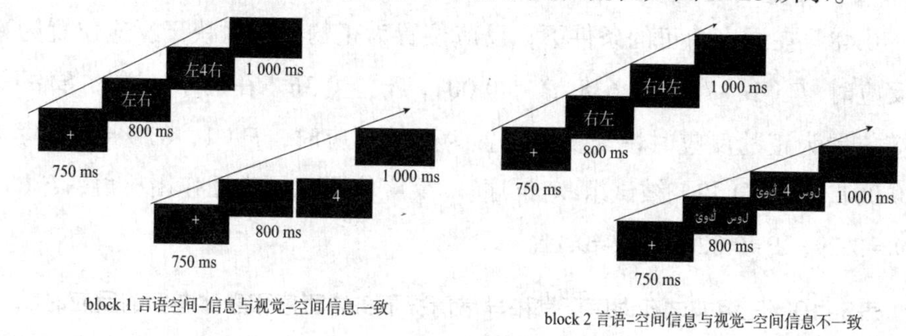

图 5–23　实验 6 流程图

5.6.3 研究结果与分析

1. 方差分析结果

汉语被试组的总错误率为 3.3%，汉语条件下的维 – 汉双语被试组的总错误率为 1.9%，维语条件下的维 – 汉双语被试组的总错误率为 1.9%，对这些总错误率没有进一步进行统计分析。对平均正确反应时进行了 3 × 2 × 2 重复测量方差分析（表 5–10 和图 5–24）。其中，被试内因素为词序（词序为正、词序为逆）、反应位置（反应位置为正、反应位置为逆）。被试间变量为被试组（汉语组、汉语条件下的维 – 汉双语组、维语条件下维 – 汉双语组）。

含有言语 – 空间信息的大小比较任务假设对视觉 – 空间编码预测了反应位置主效应，言语 – 空间编码则预测了反应位置 × 词序交互作用。具体而言，若存在视觉 – 空间编码时，则在词序为正和词序为逆的条件下，均是反应位置为正的反应时快于反应位置为逆的反应时。然而，若存在言语 – 空间编码时，则在词序为正的条件下，反应位置为正的反应时快于反应位置为逆的反应时；在词序为逆的条件下，反应位置为正的反应时慢于反应位置为逆的反应时。对平均正确反应时进行重复测量方差分析，结果如表 5–10 和图 5–24 所示。方差结果表明，被试组主效应显著，F（2，87）=15.46，$P < 0.001$，η_p^2 =0.33。汉语组的平均正确反应时（M=789 ms，SD=25.24）快于汉语条件下的维 – 汉双语被试组（M=1 341 ms，SD=34.17）和维语条件下的维 – 汉双语被试组（M=1 193 ms，SD=21.65）。反应位置主效应不显著（$F < 1$）。反应位置 × 词序交互作用显著，F（1，87）=56.02，$P < 0.001$，η_p^2 =0.48。在词序为正的条件下，反应位置为正的反应时快于反应位置为逆的反应时，F（1，87）=34.638，$P < 0.001$，η_p^2 =0.36。在词序为逆的条件下，反应位置为正的反应时慢于反应位置为逆的反应时，F（1，87）=59.20，$P < 0.001$，η_p^2 =0.49。被试组 × 词序 × 反应位置三元交互作用显著，F（1，87）=3.79，P=0.028，η_p^2 =0.11。

表5–10　三组被试在词序正常和异常情况下身体正序和身体逆序的反应时

单位：ms

被试组	词序为正		词序为逆	
	身体正序	身体逆序	身体正序	身体逆序
汉语组	712（29.4）	830（36.2）	868（27.5）	742（30.0）
汉语条件下维 – 汉双语组	1 134（47.3）	1 443（57.7）	1 576（68.6）	1 212（53.4）
维语条件下维 – 汉双语组	1 120（37.0）	1 366（47.7）	1 267（49.4）	1 018（39.5）

进一步分析显示，与视觉 – 空间与言语 – 空间双编码解释一致的是，对汉语被试组和汉语条件下维 – 汉双语被试组进行的方差分析显示，反应位置与词序主效应均不显著，词序 × 反应位置交互作用显著（$Ps < 0.05$）。对汉语被试组而言，在词序为正的条件下，反应位置为正的反应时比反应位置为逆的反应时快 118 ms，F（1，58）=4.08，P=0.05，η_p^2 =0.10；而在词序为逆的条件下，反应位置为正的反应时比反应位置为逆的反应时慢 126 ms，F（1，58）=8.87，P=0.005，η_p^2 =0.20。对汉语条件下的维 – 汉双语被试组而言，在词序为正的条件下，反应位置为正的反应时比反应位置为逆的反应时快 309 ms，F（1，58）=13.48，P=0.001，η_p^2 =0.28，而在词序为逆的

条件下，反应位置为正的反应时比反应位置为逆的反应时慢 364 ms，$F(1, 58)=35.71$，$P<0.001$，$\eta_p^2=0.51$。

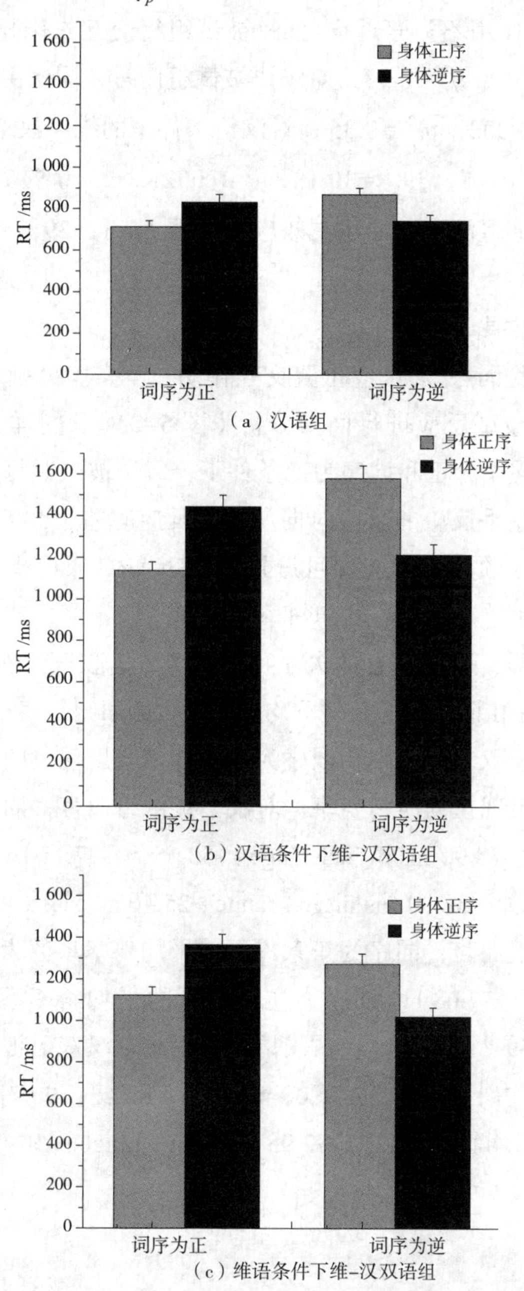

（a）汉语组

（b）汉语条件下维–汉双语组

（c）维语条件下维–汉双语组

图 5–24　三组被试在词序为正和词序为逆条件下身体正序和身体逆序的反应时

与视觉–空间编码解释一致的是，对维语条件下维–汉双语被试进行的方差分析结果显示：身体主效应显著（$P < 0.05$），但是词序主效应和词序×反应位置交互作用不显著。词序×被试组组交互作用显著，F（1，87）=15.01，$P < 0.001$，η_p^2 =0.33。对汉语被试组而言，词序主效应显著 F（1，29）=12.80，P=0.002，η_p^2 =0.35；对汉语条件下的维–汉双语被试组而言，词序主效应显著 F（1，29）=30.18，P=0.002，η_p^2 =0.53；对维语条件下的维–汉双语被试组而言，词序主效应不显著 F（1，29）=2.61，P=0.135，η_p^2 =0.19。

2. 回归分析结果

为进一步检验词序×反应位置交互作用，本实验分别对词序为正和词序为逆条件下的被试反应进行回归分析（图5–25）。同样，进行回归分析时，仍先分别将词序为正和词序为逆条件下，每个被试对每个数字的右手反应的反应时减去左手反应的反应时向所得的反应时差（dRT）作为被预测变量，以目标数字为预测变量进行回归分析。SNARC效应指标分别为词序为正条件下和词序为逆条件下的回归斜率。

根据含有言语–空间信息的大小比较任务，若仅存在视觉–空间编码，则在词序为正条件和词序为逆条件下均会出现负的回归斜率。而若存在视觉–空间与言语–空间双编码，则在词序为正条件下会出现负的回归斜率，在词序为逆条件下会出现正的回归斜率。对汉语被试组而言，词序为正条件下的平均斜率系数为-38.90 ms/digit（range：-50.65 ～ -27.15），词序为逆条件下的平均斜率系数为38.30 ms/digit（range：25.40 ～ 51.18）。对汉语条件下维–汉双语被试组而言，词序为正条件下的平均斜率系数为-124.78 ms/digit（range：-171.89 ～ -77.68），词序为逆条件下的平均斜率系数为106.54 ms/digit（range：64.59 ～ 148.49）。对维语条件下维–汉双语被试组而言，词序为正条件下的平均斜率系数为-76.00 ms/digit（range：-99.71 ～ -52.29），词序为逆条件下的平均斜率系数为-82.95 ms/digit（range：-109.36 ～ -56.55）。

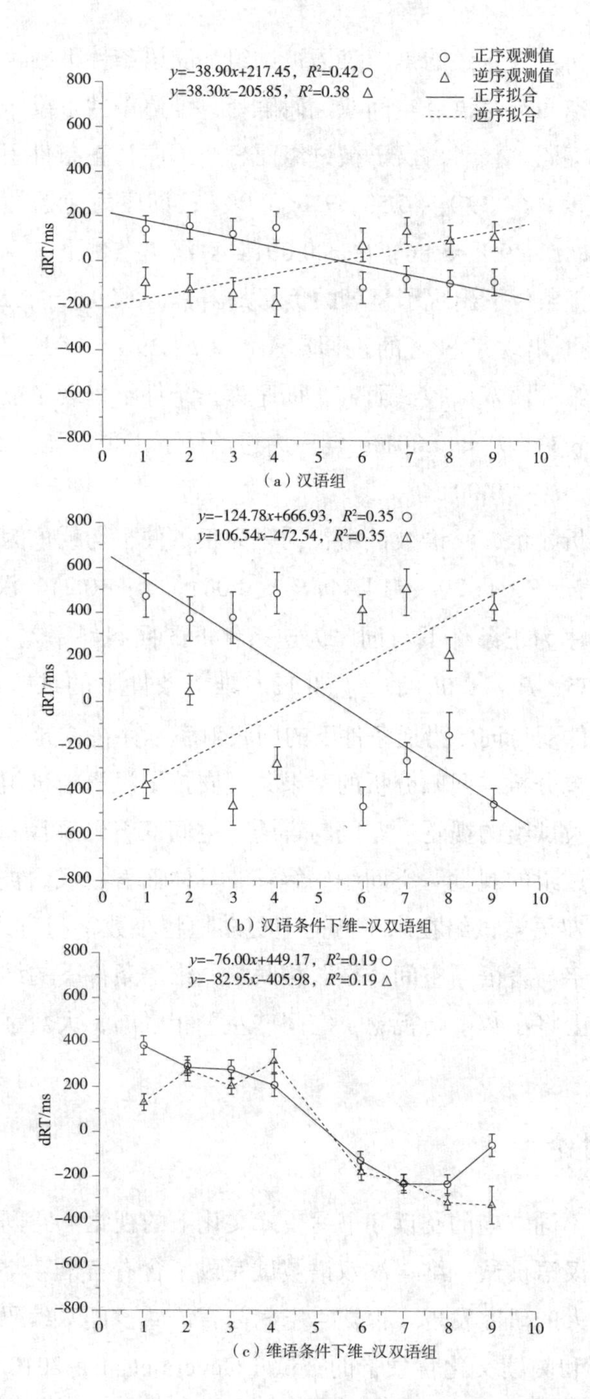

图 5-25　三组被试词序为正和词序为逆条件下的回归曲线

与方差分析结果一致的是，汉语被试组和汉语条件下维－汉双语被试组出现了视觉－空间与言语－空间双编码解释，维语条件下维－汉双语组出现了视觉－空间编码解释。对汉语被试组而言，词序为正条件下出现了显著的负回归斜率显著，t（29）=-6.53，$P < 0.001$；词序为逆条件下出现了显著的正回归斜率，t（29）=5.86，$P < 0.001$。对汉语条件下维－汉双语被试组而言，词序为正条件下出现了显著的负回归斜率，t（29）=-5.22，$P < 0.001$，词序为逆条件下出现了显著的正回归斜率，t（29）=5.01，$P < 0.001$。对维语条件下的维－汉双语被试而言，词序为正条件下出现了显著的负回归斜率，t（29）=-6.33，$P < 0.001$；词序为逆条件下出现了显著的负回归斜率，t（29）=-6.20，$P < 0.001$。

随后的分析显示，汉语被试组在词序为正条件下与词序为逆条件下的回归斜率差异显著，F（1，29）=14.44，$P < 0.001$，η_p^2 =0.21。汉语条件下维－汉双语组在词序为正条件下与词序为逆条件下的回归斜率差异同样显著，F（1，29）=51.35，$P < 0.001$，η_p^2 =0.12。维语条件下的维－汉双语被试组在词序为正条件下与词序为逆条件下的回归斜率不存在差异。

总之，方差分析与回归分析的结果共同支持了汉语被试组和汉语条件下的维－汉双语被试组的视觉－空间与言语－空间双编码解释和维语条件下的维－汉双语被试组的视觉－空间编码解释。具体而言，汉语被试组和汉语条件下的维－汉双语被试组在水平方向上更多地将小数字与言语－空间“左”相联结，大数字与言语－空间“右”相联结；维语条件下的维－汉双语被试组在水平方向上将小数字与视觉－空间“左”相联结，大数字与视觉－空间“右”相联结。

5.6.4 讨论

为了检验不同方向的阅读和书写模式文化下的视觉－空间与言语－空间双编码解释，汉语被试、维－汉双语被试完成了含有言语－空间信息的大小比较任务。前人的研究发现，视觉－空间与言语－空间双编码解释适用于自左向右的书写和阅读文化背景下的被试（Gevers et al.，2010；Imbo，Fias，and Gevers，2012）。然而，本实验发现，当实验任务中使用的是自左向右的阅读和书写系统的文字时，视觉 – 空间与言语 – 空间双编码解释同样适用于有自左向右阅读和书写习惯，又有自右向左阅读和书写习惯的双语被试；当实验任务中使用的是自右向左的阅读和书写系统的文字时，言语 – 空间编码解释将不再适用，而是出现了视觉 – 空间编码解释。可见，视觉 – 空间与言语 – 空间双编码解释是灵活的，它依赖实验任务中使用的文字系统。

当前的研究不仅为阅读方向与视觉 – 空间与言语 – 空间双编码有关的观点提供了证据，还解释了视觉 – 空间与言语 – 空间双编码解释的灵活性。数字表征与被试的阅读系统有关（Hutchinson and Louwerse，2014）。近几年，来自不同文化的神经影像研究和行为研究不但证实了数字加工的语言依赖性，而且证实了双语被试进行数字认知加工时的神经活动的灵活性。已有研究证实了一个人的语言背景会影响他的数字认知的神经活动（Han and Northoff，2008）。同样，对双语被试而言，加工他们母语的大脑区域不同于其加工第二语言的大脑区域（Ojemann，1983）。神经影像的研究也揭示了双语被试对其母语的表征和对其第二语言的表征区域的差异（Dehaene et al.，1997；Kim et al.，1997；Perani et al.，1996；Perani et al.，1998；Weber–Fox and Neville，1996；Yetkin et al.，1996）。对于双语被试而言，使用不同的语言文字进行同样的实验任务，可能激活不同的脑区（Dehaene et al.，1999；Knops et al.，2009；Spelke and Tsivkin，2001；Tang et al.，2006）。双语被试的 SNARC 效应结果可能会随着不同语言的阅读激活而产生变化（Fischer，Shaki，and Cruise，2009；Shaki and Fischer，2008）。这意味着双语被试可能会根据实验任务呈现的语言激活的不同参照系统灵活地转换表征方式（Göbel，Shaki，and Fischer，2011；Lindemann et al.，2008）。这些观点均与本实验的结果一致，即当双语被试的实验任务使用自左向右呈现的文字时，会出现言语 – 空间编码的解释；而当双语被试的实验任务是以自右向左的文字呈现时，会出现视觉 – 空间编码的解释。

第6章

总讨论与研究展望

6.1　总讨论

本研究以“数字认知的层级理论”为系统研究框架，采用经典大小比较任务范式、含有言语－空间信息的大小比较任务范式以及通过修正含有言语－空间信息的大小比较任务范式而来的含有言语信息的视觉－空间大小比较任务范式，来探讨SNARC效应中视觉－空间与言语－空间双编码的机制问题。因此，研究的目的在于检验基础性数字认知层次、具身性数字认知层次、情境性数字认知层次等具身数字认知的三个层次中SNARC效应的视觉－空间与言语－空间双编码的解释机制。以上三个层次的研究内容具体可分解为六个子问题，即SNARC效应的视觉－空间与言语－空间双编码的空间方向依赖问题、空间极性依赖问题、数字符号依赖问题、阅读文化依赖问题、空间参照依赖问题和任务依赖问题。

为了实现研究目的，本研究共设计了4个子研究，共6个实验。实验1a、1b共同考察SNARC效应言语－空间编码的数字符号依赖性和空间方向依赖性，以及数字符号依赖性与空间方向依赖性的交互作用。实验2a、2b共同考查察了SNARC效应言语－空间编码的任务依赖性、数字符号依赖性和空间方向依赖性，以及这三种影响因素两两之间、三者之间的交互作用。实验3a、3b作为实验1a、1b，实验2a、2b的基线实验，为实验1a、1b，实验2a、2b的研究提供基线数据，确保实验1a、1b，实验2a、2b研究结论的准确性。实验4考察了SNARC效应的空间参照依赖性。实验5a、5b共同考察了SNARC效应的空间极性依赖性以及空间极性依赖性与数字符号依赖性的交互作用。实验6考察了SNARC效应的阅读与书写文化依赖性。

实验1a采用含有言语－空间信息的大小比较任务，检验了阿拉伯数字、中文简体数字和中文繁体数字在水平方向上的SNARC效应中的视觉－空间与言语–空间双编码解释，结果表明在阿拉伯数字、中文简体数字、中文繁体数字符号下，水平SNARC效应中存在视觉–空间与言语–空间双编码解释，且言语–空间编码占优势。具体表现为阿拉伯数字、中文简体数字和中文繁体数字均是小数字与言语–空间的“左”相联结，大数字与言语–空间的“右”相联结。实验1 b同样采用含有言语–空间信息的大小比较任务，检验了上述三种数字符号的垂直SNARC效应中的视觉–空间与言语–空间双编码解释。结果表明，垂直SNARC效应中的视觉–空间与言语–空间双编码解释仅适用于中文繁体数字符号，表现为小数字与言语–空间的“下”相联结，大数字与言语–空间的“下”相联结。垂直SNARC效应中的视觉–空间编码解释适用于阿拉伯数字与中文简体数字，与中文繁体数字的数字–空间联合方向相反，表现为小数字与视觉–空间“上”联合，大数字与视觉–空间“下”联合。实验1a和实验1b中的言语信息标签“左”或者“右”，“上”或者“下”具有明显的水平和垂直的空间信息指向。如果当实验范式中考虑到空间指导信息，并尽可能地去除实验任务中对言语–空间编码的偏好的话，阿拉伯数字、中文简体数字、中文繁体数字分别在水平和垂直方向SNARC效应中的视觉–空间与言语–空间双编码解释机制可能会受到影响。

基于上述假设，实验2 a采用排除对言语–空间信息偏好的大小比较实验任务，检验对阿拉伯数字、中文简体数字和中文繁体数字三种数字符号而言，是否在水平SNARC效应中依然存在视觉–空间与言语–空间双编码解释。结果表明，当实验任务中排除对言语–空间编码的反应偏好时，对于阿拉伯数字、中文简体数字、中文繁体数字符号而言，水平SNARC效应中仅存在视觉–空间编码，具体表现为小数字与视觉–空间左侧联结，大数字与视觉–空间右侧联结。实验2b同样采用排除对言语–空间信息偏好的大小比较实验任务，检验对阿拉伯数字、中文简体数字和中文繁体数字三种数字符号而言，垂直SNARC效应中是否存在视觉–空间与言语–空间双编码解释，结果同样表明，当实验任务中排除对言语–空间编码的反应偏好时，对于中文简体数字和中文繁体数字符号而言，垂直SNARC效应中仅存在视觉–空间编码，具体表现为小数字与视觉–空间下端联合，大数字与视觉–空间上端联合。对于阿拉伯数字而言，中国被试在垂直SNARC效应中是否存在视觉－空间与言语－空间双编码没有得到充分的证实。

作为实验1a、1b和实验2a、2b的基线研究，实验3 a采用经典的大小比较任务检验了阿拉伯数字、中文简体数字和中文繁体数字三种数字符号在水平方向上是否存在典型的SNARC效应，以及相应的数字－空间联合方向，结果表明，阿拉伯数字、中文简体数字、中文繁体数字符号在经典的大小比较任务中均存在典型的SNARC效应，具体表现为小数字与空间的左侧相联结，大数字与空间右侧相联结。实验3b同样使用阿拉伯数字、中文简体数字和中文繁体数字，采用了经典的大小比较任务，检验垂直方向上是否存在经典SNARC效应，以及相应的数字－空间联合方向。结果发现，阿拉伯数字、中文简体数字、中文繁体数字三种数字符号条件下，均出现了垂直的SNARC效应，对这三种数字符号而言，均表现出小数字与空间的下端相联合，大数字与空间的上端相联合的趋势。实验3b的结果与实验1b的结果共同说明了对阿拉伯数字和中文简体数字而言，视觉－空间与言语－空间双编码在垂直方向维度上的不适用性。实验3b的结果与实验2b的结果，共同说明了对中文简体数字和中文繁体数字而言，视觉－空间与言语－空间双编码在垂直方向维度上的不适用性。

实验4采用含有言语－空间信息的大小比较任务检验了视觉－空间与言语－空间双编码解释是否适用于单手（左手、右手）参照，以及个体的数字－空间表征究竟是基于身体的空间参照还是基于单手的空间参照的问题。结果表明，适用于身体空间参照（双手任务）的视觉－空间与言语－空间双编码解释同样适用于单手（左手、右手）参照。同时，实验结果证实了水平方向数字－空间表征中空间参照的灵活性。在双手任务中，是基于身体的左、右空间参照；但在单手任务中，是基于每个单手的左、右空间参照。也就是说，对单手（左手、右手）和双手而言，均表现出小数字更多地与言语－空间的“左”相联结，大数字更多地与言语－空间的“右”相联结的趋势。

作为实验5b的基线研究，实验5a采用经典的大小比较任务检验了左利手被试阿拉伯数字、中文简体数字和中文繁体数字三种数字符号是否会在水平方向上出现经典的SNARC效应，以及相应的数字－空间联合方向。研究结果表明，左利手被试在阿拉伯数字、中文简体数字、中文繁体数字三种数字符号条件下均存在经典的水平SNARC效应，且均表现为小数字与左侧联结，大数字与右侧联结的趋势。实验5b采用了含有言语-空间信息的大小比较任务来检验左利手被试的视觉-空间与言语-空间双编码问题。结果表明，左利手被试在中文简体数字条件下存在视觉-空间编码的解释，在阿拉伯数字符号和中文繁体数字条件下，未能明确地支持视觉-空间编码解释，拒绝了视觉-空间与言语-空间双编码解释。

实验6选用了汉语被试、维-汉双语被试执行了含有言语-空间信息的大小比较任务，检验不同方向的阅读和书写模式文化下的视觉-空间与言语-空间双编码解释。结果发现，当实验任务中使用的是自左向右的阅读和书写系统的文字时，视觉-空间与言语-空间双编码解释同样适用于自左向右阅读和书写习惯；当实验任务中使用的是自右向左的阅读和书写系统的文字时，言语-空间编码解释将不再适用，而仅出现了视觉-空间编码解释。

通过以上6个具体实验结果可得出以下结论。

6.1.1 视觉-空间与言语-空间双编码是SNARC效应产生的原因之一

数字的空间表征方式并不是单一的（Núñez and Nikoulina，2011），数字的空间表征更多地会受到个体成长过程中的感知-运动经验的影响（Núñez，2011），因而数字-空间联合的方式可能会表现出多种形式。前人的研究已经证实了阿拉伯数字的水平SNARC效应中视觉-空间与言语-空间双编码方式的存在（潘运、黄玉婷、赵守盈，2013；潘运等，2013；Gevers et al., 2010; Imbo et al., 2012）。当前的研究发现，对中国被试而言，采用含有言语-空间信息的大小比较任务，在水平方向上，右利手被试在阿拉伯数字、中文简体数字和中文繁体数字SNARC效应中均出现了视觉-空间与言语-空间双编码解释；无论是在单手的空间参照条件下还是在双手的空间参照条件下，右利手被试在阿拉伯数字、中文简体数字和中文繁体数字SNARC效应中均出现了视觉-空间与言语-空间双编码解释；对双语被试而言，当在中文语境下呈现实验时，阿拉伯数字SNARC效应中也出现了视

觉 – 空间与言语 – 空间双编码解释。

前人研究提出的几个理论预测了本实验的结果。例如，Proctor 和 Cho 提出的 SNARC 效应的极性对应解释认为，数字和空间一样，都可以被分为对立的两极（如大 / 小，左 / 右），通常空间上的“左”对应负极（–），“右”对应正极（+）；数字中的“小”同样对应负极（–），“大”同样对应正极（+）。大量涉及二分类任务的实验结果已证实了 Proctor 和 Cho 的极性观点。尤其是在涉及 SNARC 效应的研究中，极性对应解释认为 SNARC 效应的产生是由于数字大小的极性与空间反应的极性相一致，因为当刺激和反应极性一致时，被试的反应速度快于刺激和反应极性不一致时的反应速度。值得注意的是，这样的解释同样适用于中国大陆右利手被试和汉语条件下的维 – 汉双语被试组。因为言语的“左”和“小”分别对应相同的负极（–），而言语的“右”和“大”分别对应相同的正极（+）。其他的证据（Crawford et al.，2000；Gevers et al.，2006；Jager and Postma，2003；Logan，1994；Paivio，1986）也证实了空间编码可以细分为言语 – 空间和视觉 – 空间编码的合理性。

6.1.2 SNARC 效应的视觉 – 空间与言语 – 空间双编码存在一定的灵活性

视觉 – 空间与言语 – 空间双编码解释是灵活的，它依赖特定的数字符号、空间方向、实验任务、空间极性以及阅读与书写文化。

视觉 – 空间与言语 – 空间双编码解释会受到数字符号、空间方向以及数字符号与空间方向交互作用的影响。潘运、王馨、黄玉婷和赵守盈（2013）分别采用中文简体数字和英文数字对中国被试水平 SANRC 效应中的视觉 – 空间与言语 – 空间双编码解释问题进行研究，结果发现。中文简体数字 SNARC 效应中出现了视觉 – 空间与言语 – 空间双编码解释；而英文数字 SNARC 效应中仅出现了视觉 – 空间编码解释。已有的一些研究同样提供了数字的加工受数字符号影响的证据（Cao and Li，2010；Cohen et al.，2007；Holloway，Price，and Ansari，2010）。

为了解释灵活的言语 – 空间编码的特定方向依赖性，研究假设视觉 – 空间与言语–空间双编码在水平和垂直两个方向上是分离的。Shaki 和 Fischer（2012）的研究也曾得出相似的结论，即SNARC效应水平与垂直方向上编码存在区别。他们的研究以以色列人为被试，以色列人在阅读文字时是自右向左的，在阅读数字时是自左向右的。在水平方向冲突的阅读方向导致水平方向没有出现SNARC效应，但是水平方向相互冲突的阅读方向并没有影响垂直方向SNARC效应的出现。本研究将单一的视觉–空间编码方式扩充为视觉–空间与言语–空间双编码方式，并聚焦于视觉–空间编码与言语–空间编码的相互作用来分析数字在垂直方向上的编码方式问题，扩展了Shaki 和 Fischer的研究结果。此外，对相同的数字概念在不同的符号形式和不同的空间方向上而言，灵活的视觉–空间与言语–空间双编码已被证实。也就是说，SNARC效应的视觉–空间与言语–空间双编码存在符号特异性和空间方向特异性，它依赖数字符号出现的上下文和数字符号出现的空间方向。

视觉–空间与言语–空间双编码解释会受到数字符号与空间方向交互作用的影响。Hung、Tzeng 和 Wu（2008）使用阿拉伯数字符号出现了水平SNARC效应，但是使用中文简体数字和中文繁体数字均没有出现水平的SNARC效应。相反，使用中文简体数字出现了垂直的SNARC效应，但是使用阿拉伯数字和中文繁体数字均未出现垂直的SNARC效应。这些结果意味着SNARC效应会受数字的符号形式与数字表征方向的影响。同样，SNARC效应中视觉–空间与言语–空间双编码解释也可能会受数字符号形式与数字空间表征方向的影响。数字的垂直SNARC效应中的视觉–空间与言语–空间双编码解释也会受到数字符号和相对于被试而言的任务难度的影响。中国被试相对更熟悉阿拉伯数字和中文简体数字，对于中文繁体数字相对比较陌生。对中国被试而言，在垂直方向上，中文繁体数字符号的大小比较任务与阿拉伯数字和中文简体数字两种数字符号的大小比较任务相比，相对更难。对中国被试而言，对繁体数字越不熟悉，实验任务越难，其受言语–空间编码方式的影响就越大。因此，中国被试在垂直方向上对中文繁体数字的反应更受言语–空间编码的影响。

SNARC效应中的视觉–空间与言语–空间双编码解释会受到实验任务的影响。本研究实验1a、1b和实验2a、2b共同证实了Gevers等人（2010）

设计的含有言语 - 空间信息的大小比较任务存在对言语 - 空间编码的反应偏好。Georges、Schiltz 和 Hoffmann（2015）对比了言语指导条件和空间指导条件下的水平 SNARC 效应，进一步证实水平方向言语 - 空间编码效应的出现，极有可能是由含有言语信息的实验任务本身对言语信息的偏好造成的。本研究采用排除对言语信息偏好的视觉 - 空间大小比较实验任务范式，检验对阿拉伯数字、中文简体数字和中文繁体数字三种数字符号而言，是否在水平和垂直 SNARC 效应中存在视觉 - 空间与言语 - 空间双编码的解释。结果发现对三种数字符号而言，中国被试在水平 SNARC 效应中仅出现了视觉 - 空间编码；对中文简体数字和中文繁体数字符号而言，中国被试在垂直 SNARC 效应中仅存在视觉 - 空间编码。Van Dijck 等人（2012）分别对大脑损伤患者（含有视觉忽略和非视觉忽略两种情况）和健康控制组进行实线分半任务、数字区间平分任务、奇偶判断任务和大小比较任务实验，并使用主成分分析方法，对数字 - 空间联合加工的机制进行研究，认为数字 - 空间联合不可能是由单一的潜在加工机制所决定的，数字 - 空间的联合应该是因多种不同的空间编码方式的激活而产生的，更准确地说是由任务依赖而激活的那些不同的编码机制相互作用而产生的。多项前人的同类研究（Galfano，Rusconi，and Umilta，2006；Ristic，Wright，and Kingstone，2006；Shaki and Gevers，2011）也证明了这一结论。

SNARC 效应中的视觉 - 空间与言语 - 空间双编码解释受空间极性的影响。实验 5 a 作为实验 5 b 的基线研究，采用经典大小比较任务，结果发现，对左利手被试而言，并没表现出与右利手被试的数字 - 空间联合方向相反的趋势，也就是说左利手被试同样得到典型的 SNARC 效应，即小数字与左侧空间相联合，大数字与右侧空间相联合的趋势。实验 5b 采用含有言语 - 空间信息的大小比较任务，结果发现，对左利手被试而言，中文简体数字条件下水平 SNARC 效应中仅出现了视觉 - 空间编码解释，无论中文简体数字、阿拉伯数字还是中文繁体数字，均未出现明确的视觉 - 空间与言语 - 空间双编码解释。对左利手被试而言，中文简体数字条件下表现出小数字与视觉 - 空间“左”相联合，大数字与视觉 - 空间“右”相联合的趋势。阿拉伯数字和中文繁体数字条件下也可能表现出小数字与视觉 - 空间“左”相联合，大数字与视觉–空间“右”相联合的趋势。左利手被试的这一数字–空间联合的方向与右利手被试的水平SNARC效应中数字–空间联合的方向一致。其原因可能有以下几个方面：第一，左利手和右利手个体对数字和左、右空间的极性分类本身就不存在差异；第二，正如Huber等人（2015）的解释，可能与被试左利手的程度有关，即左利手程度越强，对数字–空间联合方向的影响越大。第三，以往的研究发现的左利手与右利手数字–空间联合方向的差异，可能由不是左利手或右利手造成的，而是由手指数数的方向不同造成的。例如，Lindemann等人（2011）的研究发现中东被试（其手指数数方向与典型西方被试的手指数数方向相反）出现了与西方被试相反的反转SNARC效应。因此，结合实验5 a、5 b可得出的结论是视觉–空间与言语–空间双编码解释并不适用于左利手被试，其会受到左、右利手极性不同的影响。对左利手被试而言，中文简体数字条件下表现出小数字与视觉–空间“左”相联合，大数字与视觉–空间“右”相联合的趋势。

为了检验不同方向的阅读和书写模式文化下的视觉–空间与言语–空间双编码解释，汉语被试、维–汉双语被试完成了含有言语–空间信息的大小比较任务。本研究发现，当实验任务中使用的是自左向右的阅读和书写系统的文字时，言语–空间编码解释同样适用于自左向右阅读和书写习惯；当实验任务中使用的是自右向左的阅读和书写系统的文字时，视觉–空间与言语–空间双编码解释将不再适用，而是出现了视觉–空间编码解释。可见，言语–空间编码是灵活的，它依赖于实验任务中使用的文字系统。数字表征与被试的阅读系统有关（Hutchinson and Louwerse，2014），近几年，来自不同文化的神经影像研究和行为研究均证实了数字加工的语言依赖性。一个人的语言背景会影响他的数字认知的神经活动（Han and Northoff，2008）。对双语被试而言，加工他们母语的大脑区域不同于其加工第二语言的大脑区域（Ojemann，1983）。神经影像的研究也揭示了双语被试对其母语的表征和对其第二语言的表征区域的差异（Dehaene et al.，1997；Kim et al，1997；Perani et al.，1996；Perani et al.，1998；Weber-Fox and Neville，1996；Yetkin et al.，1996）。对于双语被试而言，使用不同的语言文字进行同样的实验任务，可能激活不同的脑区（Dehaene et al.，1999；

Knops et al.，2009；Spelke and Tsivkin，2001；Tang et.al.，2006）。双语被试的SNARC效应结果可能会随着不同语言的阅读激活而产生变化（Fischer，Shaki，and Cruise，2009；Shaki and Fischer，2008）。例如，Fischer、Shaki和Cruise研究发现，对于俄语－希伯来语的双语被试而言，如果实验任务以俄语的形式呈现，则会出现典型的SNARC效应；而如果实验任务以希伯来语的形式呈现，则不会出现SNARC效应。这意味着双语被试可能会根据实验任务呈现的语言激活的不同参照系统灵活地转换表征方式（Göbel，Shaki，and Fischer，2011；Lindemann et al.，2008）。这些观点均与本实验的结果一致，即当双语被试的实验任务使用自左向右呈现的文字时，会出现视觉－空间与言语－空间双编码的解释；而当双语被试的实验任务是以自右向左的文字呈现时，仅会出现视觉－空间编码的解释。

6.1.3 需要以“数字认知的层级理论”为研究框架来解释视觉－空间与言语－空间双编码的加工机制

视觉－空间编码和言语－空间编码可能反映了数字认知的不同水平。数字认知的系统观点认为，数字认知存在三个水平：基础数字认知水平、具身数字认知水平和情境数字认知水平（Fischer，2012；Fischer and Brugger，2011；Fischer and Shaki，2014）。基础数字认知水平是指相对更普遍的小数字与空间的下端相联结，大数字与空间的上端相联结。基础数字认知之上即为具身数字认知，具身数字认知反映了人类身体在数字认知领域先前的感觉－运动（具身）经验。具身数字认知之上即为情境数字认知，情境数字认知反映了数字表征的灵活性，它依赖实验的情境和特定的实验任务条件。根据数字认知的系统观点，基础数字认知反应了更普遍的联结，即小数字与空间的下端相联结，大数字与空间的上端相联结，这个数字的垂直空间方向的映射与物理空间方向的“当累积更多数量的物品时，数量多的相对会形成更高的堆积”，或者说是语言隐喻中的“多就是高”（“larger quantities to generate taller pile when accumulated”，or“more is up”，Lakoff and Johnson，1980；Lakoff and Núñez，2000）一致。具身数字认知反映了人体先前的感觉－运动经验，这一水平的数字认知在水平方向的映射与阅读和书写的方向一致。对于本实验中的中国被试而言，在水平方向上基础数字认知和具身数字认知的方向一致。但在垂直方向上，基础数字认知和具身数字认知的方向正好相反。

Ito 和 Hatta（2004）与 Hung 等人（2008）相互矛盾的研究结果反应了不同的空间编码方式和不同的数字认知水平。对日本被试而言，他们通常在垂直方向上的阅读习惯是自上而下的。Ito 和 Hatta 以日本人为被试，发现了垂直的 SNARC 效应，并且日本被试在下端的反应键上，对小数字的反应快于对大数字的反应；在上端的反应键上，对大数字的反应快于对小数字的反应。这种将小数字与下端相联结，大数字与上端相联结的模式与他们的垂直方向上的阅读习惯相矛盾。这种模式实际上反应的是当物体累积时，多的数量会形成更高的堆积的趋势，这一模式与言语－空间编码和基础数字认知水平的方向相一致。相反，Hung 等人以中国台湾人为被试时，在垂直方向上得出了与上述 Ito 和 Hatta 研究相矛盾的结论。对中国台湾被试而言，他们通常在垂直方向上的阅读习惯也是自上而下，他们对中文简体数字的空间表征的模式与阅读习惯相一致。Hung 等人研究的中国台湾被试在垂直方向上的数字空间表征模式，即小数字与上端相联结，大数字与下端相联结的模式反应了阅读和书写经验的影响（Dehaene，Bossini，and Giraux，1993；Zebian，2005）。这一模式也与视觉－空间编码和具身数字认知的方向一致（Fischer，2012；Fischer and Brugger，2011）。

对本研究中的中国被试而言，在水平方向上基础数字认知和具身数字认知的方向一致。但是，在垂直方向上，基础数字认知和具身数字认知的方向相矛盾。因此，在水平方向上，中国被试从视觉－空间编码角度和言语－空间编码角度看，两者的数字－空间联结的方向是一致的。但是，在垂直方向上，中国被试从视觉－空间编码角度和言语－空间编码角度看，两者的数字－空间联结的方向是相反的。结合 Hung 等人（2008）的研究结果，本研究从视觉－空间编码的角度支持了垂直 SNARC 效应的具身数字认知水平的解释。在垂直方向上，在阿拉伯数字和中文简体数字符号条件下，中国被试将小数字与视觉－空间的上端相联结，大数字与视觉－空间的下端相联结。同时，结合 Ito 和 Hatta（2004）的研究结果，本研究从言语－空间编码的角度支持了垂直SNARC效应的基础数字认知水平的解释。在垂直方向上，在中文繁体数字条件下，中国被试更多地将小数字与言语–空间的“下”相联结，将大数字与言语–空间的“上”相联结。

6.2　研究反思

6.2.1 本研究的创新之处

本研究的创新之处主要体现在以下两方面。

一方面，自Dehaene等人（1993）发现了数字–空间联合的SNARC效应以来，对SNARC效应产生的原因一直存在争论。本研究厘清了SNARC效应产生原因的争论，提出了灵活的视觉–空间与言语–空间双编码解释假设，并从数字符号、空间方向、空间任务、空间极性、空间参照、阅读与写作文化等几个方面系统检验了灵活的视觉–空间与言语–空间双编码解释机制。本研究不仅可为数字–空间表征等相关问题的研究提供佐证，还可以为后续同类研究提供参考。

另一方面，以往关于数字–空间联合的SNARC效应的研究均是单一地对影响SNARC效应的某一方面进行研究，缺少系统的理论研究框架的支持。本研究以具身的“数字认知的层次理论”模型为系统框架，对SNARC效应的视觉–空间与言语–空间双编码的灵活解释机制进行了研究，避免了以往SNARC效应机制研究零散的问题。以具身“数字认知的层次理论”模型为研究框架开展的SNARC效应视觉–空间与言语–空间双解释机制研究使研究结果和结论更完整、更合理。

6.2.2 本研究的不足之处

本研究的不足之处主要体现在以下两方面。

一方面，虽然在以往关于SNARC效应的大多数研究中均有证据显示SNARC效应不存在性别差异，但是也有个别研究发现了SNARC效应的性别差异问题。本研究中部分实验所招募的被试没有做到男、女各半，可能会导致实验结果出现偏差。在以后的研究中将避免这一问题，确保被试在性别上的平衡。

另一方面，研究手段有待进一步丰富。在 SNARC 效应的行为研究中，除了本研究采用的反应时实验外，还可以进行眼动实验的研究。若能将反应时实验和眼动实验结合进行研究，可以更全面地了解 SNARC 效应视觉－空间和言语－空间双编码的解释机制。另外，除了行为研究外，还可以通过 ERPs 实验技术对 SNARC 效应中视觉－空间和言语－空间双编码的神经机制问题进行研究，了解视觉－空间和言语－空间双编码的时间进程问题。

6.3 研究展望

本研究尝试以“数字认知的层级理论”为研究的系统框架，采用行为实验的方法，对视觉－空间编码和言语－空间编码的机制问题进行研究。具体而言，我们对 SNARC 效应视觉－空间与言语－空间双编码在不同空间方向、不同空间极性、不同数字符号、不同阅读文化、不同实验任务、不同空间参照条件下的稳定性问题，以及在不同空间方向、不同空间极性、不同实验任务与不同数字符号交互作用中的稳定性问题进行了探讨。从研究结果看，SNARC 效应中视觉－空间与言语－空间双编码解释存在数字符号、空间方向、实验任务、空间极性和阅读与书写文化的依赖性，不存在单手参照（左手、右手）和身体空间参照依赖性。本研究在一定程度上丰富了数字－空间认知和具身数字认知的理论，但仍存在一些值得进一步深入研究的问题。

首先，虽然在以往关于 SNARC 效应的大多数研究中有证据显示 SNARC 效应不存在性别差异，但是也有个别研究发现了 SNARC 效应的性别差异问题。SNARC 效应视觉－空间与言语－空间双编码机制的解释问题，可能在不同性别的被试中表现形式也会不同，因此在今后的研究中应该考虑不同性别被试 SNARC 效应的视觉－空间与言语－空间双编码的解释机制问题，从而使对 SNARC 效应的视觉－空间与言语－空间双编码问题的研究更加完整和全面。

其次，在以往关于 SNARC 效应的大多数研究中均有证据显示 SNARC

效应在不同年龄被试群体中的表现存在差异，一般对成年人而言，年龄越大，SNARC效应越不显著。但是对儿童而言，随着年龄的增长，SNARC效应越来越显著。所以，SNARC效应视觉－空间与言语－空间双编码机制的解释问题，可能在不同年龄段的被试中表现形式也会不同，因此在今后的研究中应该考虑不同年龄段被试SNARC效应的视觉－空间与言语－空间双编码的解释机制问题，尤其要探讨在没有掌握空间左右概念的儿童被试中，SNARC效应的视觉－空间与言语－空间双编码的表现形式以及发展规律等，从而对SNARC效应的视觉－空间与言语－空间双编码问题的理解更加深入。

再次，在以往关于SNARC效应的大多数研究中也有证据显示SNARC效应在数学成绩不同的被试中存在差异，一般而言，被试的数学成绩越好，SNARC效应越显著。因此，SNARC效应视觉－空间与言语－空间双编码机制的解释问题，可能在数学成绩不同的被试中表现形式也会不同，因此在今后的研究中应该考虑数学成绩对SNARC效应的视觉－空间与言语－空间双编码解释的影响问题，从而使对SNARC效应的视觉－空间与言语－空间双编码问题的研究更准确。

最后，本研究仅采用行为实验对SNARC效应的视觉－空间与言语－空间双编码问题进行了研究。但是，在SNARC效应的行为研究中，除了本研究采用的反应时实验外，还可以进行眼动实验、ERPs实验以及fMIR实验等。随着神经科学的发展，人们开始融合在功能层次和神经编码层次的脑研究成果，因此需要开展行为数据、眼动数据、脑电数据以及脑成像数据的关联性研究。在今后的研究中将考虑把行为实验数据、眼动实验数据、ERPs实验数据以及脑成像数据相结合进行关联性研究，以达到对SNARC效应的视觉－空间与言语－空间双编码机制的更为全面和丰富的理解。

第7章

结　论

第7章 结论

本研究以“数字认知的层级理论”为研究的系统框架，采用经典大小比较任务范式、含有言语－空间信息的大小比较任务范式以及通过修正含有言语－空间信息的大小比较任务范式而来的含有言语信息的视觉－空间大小比较任务范式，探讨了 SNARC 效应中视觉－空间与言语－空间双编码的机制问题。概括而言，本研究得出了以下有价值的结论。

（1）SNARC 效应中视觉－空间与言语－空间双编码解释存在数字符号和空间方向依赖性。其中，在阿拉伯数字、中文简体数字、中文繁体数字条件下，水平 SNARC 效应中存在视觉－空间与言语－空间双编码解释；垂直 SNARC 效应的视觉－空间与言语－空间双编码解释仅适用于中文繁体数字符号。

（2）SNARC 效应中视觉－空间与言语－空间双编码解释存在数字符号和实验任务依赖性。结果表明，当实验任务中排除对言语－空间编码的反应偏好时，对阿拉伯数字、中文简体数字、中文繁体数字符号而言，水平 SNARC 效应和垂直 SNARC 效应中均仅存在视觉－空间编码；垂直 SNARC 效应中仅存在视觉－空间编码。

（3）视觉－空间与言语－空间双编码解释不存在单手参照（左手、右手）和身体空间参照依赖性。适用于身体空间参照（双手任务）的视觉－空间与言语－空间双编码解释同样适用于单手（左手、右手）参照。

（4）SNARC 效应中视觉－空间与言语－空间双编码存在空间极性依赖性。在采用经典大小比较任务时发现，左利手被试在阿拉伯数字、中文简体数字、中文繁体数字三种数字条件下均存在经典的水平 SNARC 效应。只有在这样的基线实验前提下，才使用含有言语－空间信息的大小比较任务，左利手被试在三种符号条件下均未出现视觉－空间与言语－空间双编码解释。

（5）SNARC 效应中视觉－空间与言语－空间双编码存在阅读与手写文化依赖性。当实验任务中使用自左向右的阅读和书写系统的文字时，视觉－空间与言语－空间双编码解释同样适用；当实验任务中使用自右向左的阅读和书写系统的文字时，言语－空间编码解释将不再适用，而仅出现了视觉－空间编码解释。

总之，本研究认为，第一，视觉－空间与言语－空间双编码是 SNARC 效应产生的原因之一。第二，视觉－空间与言语－空间双编码存在一定的灵活性，其受数字符号、空间方向、空间极性、实验任务以及阅读和书写文化的影响。第三，为了更好地理解数字－空间表征的 SNARC 效应视觉－空间与言语－空间双编码解释机制问题，需要以“数字认知的层级理论”为研究框架来开展研究。

参考文献

[1] 高在峰，水仁德，陈晶，等 . 负数的空间表征机制 [J]. 心理学报，41（2）：95–102.

[2] 何清华，李鹤，董奇 . 数字与空间表征联结研究进展 [J]. 北京师范大学学报（自然科学版），2008，44（3），238–244.

[3] 李其维 . "认知革命" 与 "第二代认知科学" 刍议 [J]. 心理学报，2008，40（12）：1304–1327.

[4] 刘超，买晓琴，傅小兰 . 不同注意条件下的空间 – 数字反应编码联合效应 [J]. 心理学报，2004，36（6）：671–680.

[5] 潘运，黄玉婷，赵守盈 .7 ～ 11 岁儿童数字认知 SNARC 效应编码特点研究 [J]. 内蒙古师范大学学报（自然科学中文版），2013，42（5）：602–607，612.

[6] 潘运，沈德立，王杰 . 不同注意提示线索条件下汉字数字加工的 SNARC 效应 [J]. 心理与行为研究，2009，7（1）：21–26.

[7] 潘运，王馨，黄玉婷，等 . 数字 – 空间联结 SNARC 效应的编码：视觉空间和言语空间 [J]. 心理学探新，2013，33（6）：500–506.

[8] 乔福强，张恩涛，陈功香 . 情境对序数的空间表征之影响 [J]. 心理科学，2016，39（3）：566–572.

[9] 殷融，曲方炳，叶浩生 . 具身概念表征的研究及理论评述 [J]. 心理科学进展，2012，20（9）：1372–1381.

[10] 辛自强，李丹 . 小学生在非符号材料上的分数表征方式 [J]. 心理科学，2013（2）：364–371.

[11] 叶浩生 . 具身认知 : 认知心理学的新取向 [J]. 心理科学进展，2010，18（5）：705–710.

[12] 叶浩生 . 有关具身认知思潮的理论心理学思考 [J]. 心理学报，2011，43（5）：589–598.

[13] 叶浩生 . 西方心理学中的具身认知研究思潮 [J]. 华中师范大学学报，2011，50（4）：153–160.

[14] 叶浩生 . 认知与身体 : 理论心理学的视角 [J]. 心理学报，2013，45（4）：481–488.

[15] 张丽，陈雪梅，王琦，等 . 身体形式和社会环境对 SNARC 效应的影响：基于具身认知观的理解 [J]. 心理学报，2012，44（10）：1309–1317.

[16] 周广东，莫雷，温红博 . 儿童数字估计的表征模式与发展 [J]. 心理发展与教育，2009，25（4）：21–29.

[17] ANTOINE S，GEVERS W.Beyond left and right：automaticity and flexibility of number–space associations[J]. Psychonomic bulletin and review，2016，23（1）：148–155.

[18] BACHOT J，GEVERS W，FIAS W，et al. Number sense in children with visuospatial disabilities：orientation of the mental number line[J]. Psychologicalence，2005，47（1）：172–183.

[19] BACHTOLD D，BAUMULLER M，BRUGGER P. Stimulus and response compatibility in representational[J]. Neuropsychologia，1998，36（8）：731–735.

[20] Bae G Y，Choi J M，Cho Y S，et al. Transfer of magnitude and spatial mappings to the SNARC effect for parity judgments[J]. Journal of experimental psychology learning memory and cognition，2009，35（6）：1506–1521.

[21] BALLARD D H，KIT D，ROTHKOPF C A，et al. A hierarchical modular architecture for embodied cognition[J]. Multisensory research，2013，26（1–2）：177–204.

[22] BARTH H C，PALADINO A M. The development of numerical estimation：evidence against a representational shift[J]. Developmental science，2011，14（1）：125–135.

[23] BOOTH J L，SIEGLER R S. Developmental and individual differences in pure numerical estimation[J]. Developmental psychology，2006，42（1）：189–201.

[24] BONATO M，FABBRI S，UMILTÀ C，et al. The mental representation of numerical fractions：real or integer?[J]. Journal of experimental psychology human perception and performance，33（6），1410–1419.

[25] BRYSBAERT M. Arabic number reading：on the nature of the numerical scale and the origin of phonological recoding[J]. Journal of experimental psychology：General，1995，124（4）：434–452.

[26] BULL R，MARSCHARK M，BLATTO–VALLEE G. SNARC hunting：examining number representation in deaf students[J]. Learning and individual differences，2005，15（3）：223–236.

[27] CASASANTO D. The body–specificity hypothesis[C]//.In 49th annual meeting of the psychonomic society. Chicago：illinois，2008.

[28] CASASANTO D. Embodiment of abstract concepts：good and bad in right–and left–handers[J]. Journal of experimental psychology：general，2009，138（3）：351.

[29] CASASANTO，D. Different bodies，different minds：the body specificity of language and thought[J]. Current directions in psychological science，2011，20（6）：378–383.

[30] CALABRIA M，ROSSETTI Y. Interference between number processing and line bisection：a methodology[J]. Neuropsychologia，2005，43（5）：779–783.

[31] CAO B，LI F，LI H. Notation–dependent processing of numerical magnitude：electrophysiological evidence from Chinese numerals[J]. Biological psychology，2010，83（1）：47–55.

[32] CAPPELLETTI M，FREEMAN E D，CIPOLOTTI L. The middle house or the middle floor：bisecting horizontal and vertical mental number lines in neglect[J]. Neuropsychologia，2007，45（13）：2989–3000.

[33] CHO Y S，BAE G Y，PROCTOR R W. Referential coding contributes to the horizontal smarc effect[J]. Journal of experimental psychology human perception and performance，2012，38（3）：726–734.

[34] COHEN K R，COHEN K K，KAAS A，et al. Notation–dependent and –independent representations of numbers in the parietal lobes[J]. Neuron，2007，53（2）：307–314.

[35] CRAWFORD L E，REGIER T，HUTTENLOCHER J. Linguistic and non–linguistic spatial categorization[J]. Cognition，2000，75（3）：209–235.

[36] CROLLEN V，DORMAL G，SERON X，et al. Embodied numbers：the role of vision in the development of number–space interactions[J]. Cortex，2013，49（1）：276–283.

[37] DEHAENE S. The neural basis of the Weber–Fechner law：a logarithmic mental number line[J]. Trends in congitive sciences，2003，7（4）：145–147.

[38] DEHAENE S，BOSSINI S，GIRAUX P. The mental representation of parity and number magnitude[J]. Journal of experimental psychology：general，1993，122（3）：371–396.

[39] DEHAENE S，COHEN L. Cultural recycling of cortical maps[J]. Neuron，2007，56（2）：384–398.

[40] DEHAENE S，DUPOUX E，MEHLER J. Is numerical comparison digital? analogical and symbolic effects in two–digit number comparison[J]. Journal of experimental psychology：human perception and performance，1990，16（3）：626–641.

[41] DEHAENE S，DUPOUX E，MEHLERF J，et al. Anatomical variability in the cortical representation of first and second language[J]. Neuroreport，1997，8（17）：3809–3815.

[42] DEHAENE S，IZARD V，SPELKE E，et al. Log or linear? distinct intuitions of the number scale in western and amazonian indigene cultures[J]. Science，2008，320（5880）：1217–1220.

[43] DEHAENE S，SPELKE E，PINEL P，et al. Sources of mathematical thinking：behavioral and brain–imaging evidence[J]. Science，1999，284（7）：970–974.

[44] Hevia M D，Spelke E S. Number–space mapping in human infants[J]. Psychological science，2010，21（5）：653–660.

[45] DORICCHI F，GUARIGLIA P，GASPARINI M，Dissociation between physical and mentalnumber line bisection in right hemisphere brain damage[J]. Nature neuroscience，2005，8（12）：1663–1665.

[46] DRUCKER C B，BRANNON E M. Rhesus monkeys (macaca mulatta) map nunber onto space[J]. Cognition，2014，132（1）：57–67.

[47] EAGLEMAN D M. The objectification of overlearned sequences：a new view of spatial sequence synesthesia[J]. Cortex，2009，45（10）：1266–1277.

[48] EERLAND A，GUADALUPE T M，ZWAAN R A. Leaning to the left makes the eiffel tower seem smaller：posture–modulated estimation[J]. Psychological science，2011，22（12）：1511–1514.

[49] FABBRI M，GUARINI A. Finger counting habit and spatial–numerical association in children and adults[J]. Consciousness and cognition，2016，40（2）：45–53.

[50] FEIGENSON L，DEHAENE S，SPELKE E. Core systems of number[J]. Trends in cognitive sciences，2004，8（7）：307–314.

[51] FIAS W，BRYSBAERT M，GEYPENS F，et al. The importance of magnitude information in numerical processing：evidence from the snarc effect[J]. Mathematical cognition，1996，2（1）：95–110.

[52] FISCHER M. Spatial representations in number processing–evidence from a pointing task[J]. Visual cognition，2003，10（4）：493–508.

[53] FISCHER M H. Finger counting habits modulate spatial–numerical associations[J]. Cortex，2008，44（4）：386–392.

[54] FISCHER M H. A hierarchical view of grounded，embodied，and situated numerical cognition[J]. Cognitive processing，2012，13（1）：161–164.

[55] FISCHER M H，BRUGGER P. When digits help digits：spatial–numerical associations point to finger counting as prime example of embodied cognition[J]. Frontiers in psychology，20112（10）：41–47.

[56] FISCHER M H，CASTEL A D，DODD M D，et al. Perceiving numbers causes spatial shifts of attention[J]. Nature neurosci，2003，6（6）：555–556.

[57] FISCHER M H，RIELLO M，GIORDANO B L，et al. Singing numbers...in cognitive space—a dual–task study of the link between pitch，space，and numbers[J]. Topics in cognitive science，2013，5（2）：354–366.

[58] FISCHER M H, ROTTMANN J. Do negative numbers have a place on the mental number line[J]. Psychology science, 2005, 47（1）: 22-32.

[59] FISCHER M H, SHAKI S. Spatial associations in numerical cognition—From single digits to arithmetic[J]. The quarterly journal of experimental psychology, 2014, 67（8）: 1461-1483.

[60] FISCHER M H, SHAKI S, CRUISE A. It takes just one word to quash a SNARC[J]. Experimental psychology, 2009, 56（5）: 361-366.

[61] FUMAROLA A, PRPIC V, POS O D, et al. Automatic spatial association for luminance[J]. Attention, perception, psychophysicss, 2014, 76（3）: 759-765.

[62] GALTON F. Visualised numerals[J]. Nature, 1880, 21（33）: 252-256.

[63] GALTON F. Visualised numerals[J]. Nature, 1880, 21（536）: 323.

[64] GALFANO G, RUSCONI E, UMILTÀ C. Number magnitude orients attention, but not against one's will[J]. Psychonomic bulletin review, 2006, 13（5）: 869-874.

[65] GEORGES C, SCHILTZ C, HOFFMANN D. Task instructions determine the visuo-spatial and verbal-spatial nature of number-space associations[J]. The quarterly journal of experimental psychology, 2015, 68（9）: 1895-1909.

[66] GEVERS W, CAESSENS B, FIAS W. Towards a common processing architecture underlying Simon and SNARC effects[J]. European journal of cognitive psychology, 2005, 17（5）: 659-673.

[67] GEVERS W, LAMMERTYN J, NOTEBAERT W, et al. Automatic response activation of implicit spatial information: evidence from the SNARC effect[J]. Acta psychologica, 2006, 122（3）: 221-233.

[68] GEVERS W, SANTENS S, DHOOGE E, et al. Verbal-spatial and visuospatial coding of number-space interactions[J]. Journal of experimental psychology: general, 2010, 139（1）: 180-190.

[69] GEVERS W, RATINCKX E, DE BAENE W, et al. Further evidence that the snarc effectis processed along a dual-route architecture[J]. Experimental psychology, 2006, 53（1）: 58-68.

[70] GEVERS W，REYNVOET B，FIAS W. The mental representation of ordinal sequences is spatially organized[J]. Cognition，2003，87（3）：B87–B95.

[71] GEVERS W，REYNVOET B，FIAS W. The mental representation of ordinal sequences is spatially organized：evidence from days of the week[J]. Cortex，2004，40（1）：171–172.

[72] GEVERS W，VERGUTS T，REYNVOET B，et al. Numbers and space：a computational model of the SNARC effect[J]. Journal of experimental psychology：Human PERCEPTION PERFOrman，2006，32（1）：32–44.

[73] GÖBEL S M，CALABRIA M，FARNÈ A，et al. Parietal rTMS distorts the mental number line：simulating'spatial'neglect in healthy subjects[J]. Neuropsychologia，2006，44（6）：860–868.

[74] GÖBEL S M，SHAKI S，FISCHER M H. The cultural number line：a review of cultural and linguistic influences on the development of number processing[J]. Journal of cross–cultural psychology，2011，42（4）：543–565.

[75] GOLDMAN A，DE VIGNEMONT F. Is social cognition embodied?[J]. Trends in cognitive sciences，2009，13（4）：154–159.

[76] HAN S，NORTHOFF G. Culture–sensitive neural substrates of human cognition：a transcultural neuroimaging approach[J]. Nature reviews neuroscience，2008，9（8）：646–654.

[77] HARTMANN M，GARBHERR L，MAST F W. Moving along the mental number line：interactions between whole–body motion and numerical cognition[J]. Journal of experimental psychology：human perception and performance，2012，38（6）：1416–1427.

[78] HOLMES K J，LOURENCO S F. Common spatial organization of number and emotional expression：a mental magnitude line[J]. Brain and cognition，2011，77（2）：315–323.

[79] HOLLOWAY I D，PRICE G R，ANSARI D. Common and segregated neural pathways for the processing of symbolic and nonsymbolic numerical magnitude：an fMRI study[J]. Neuroimage，2010，49（1）：1006–1017.

[80] HUBER S，KLEIN E，GRAF M，et al. Embodied markedness of parity? examining handedness effects on parity judgments[J]. Psychological research，2015，79（6）：963-977.

[81] HUBBARD E M，PIAZZA M，PINEL P，et al. Interactions between number and space in parietal cortex[J]. Nature reviews neuroscience，2005，6（6）：435-448.

[82] HUNG Y H，HUNG D L，TZENG O J L，et al. Flexible spatial mapping of different notations of numbers in chinese readers[J]. Cognition，2008，106（3）：1441-1450.

[83] HUTCHINSON S，LOUWERSE M M. Language statistics explain the spatial-numerical association of response codes[J]. Psychonomic bulletin review，2014，21（2）：470-478.

[84] IMBO I，DE BRAUWER J，FIAS W，et al. The development of the SNARC effect：evidence for early verbal coding[J]. Journal of experimental child psychology，2012，111（4）：671-680.

[85] ISHIHARA M，KELLER P E，ROSSETTI Y，et al. Horizontal spatial representations of time：evidence for the stearc effect[J]. Cortex，2008，44（44）：454-461.

[86] ITO Y，HATTA T. Spatial structure of quantitative representation of numbers：evidence from the SNARC effect[J]. Memory cognition，2004，32（4）：662-673.

[87] JAGER G，POSTMA A. On the hemispheric specialization for categorical and coordinate spatial relations：a review of the current evidence[J]. Neuropsychologia，2003，41（4）：504-515.

[88] JARICK M，DIXON M J，MAXWELL E C，et al. The ups and downs (and lefts and rights) of synaesthetic number forms：validation from spatial cueing and SNARC-type tasks[J]. Cortex，2009，45（10）：1190-1199.

[89] KEUS I M，JENKS K M，SCHWARZ W. Psychophysiological evidence that the SNARC effect has its functional locus in a response selection stage[J]. Brain research rognitive brain research，2005，24（1）：48-56.

[90] KIM KHS，RELKIN N R，LEE K M，et al. Distinct cortical areas associated with native and second languages[J]. Nature，1197，388（6638）：171-174.

[91] KRAUSE F，LINDEMANN O，TONI I，et al. Different brains process numbers differently：structural bases of individual differences in spatial and nonspatial number representations[J]. Journal of cognitive neuroscience，2014，26（4）：768–776.

[92] KNOPS A，THIRION B，HUBBARD E M，et al. Recruitment of an area involved in eye movements during mental arithmetic[J]. Science，2009，324（5934）：1583–1585.

[93] LAKOFF G，JOHNSON M. Metaphors we live by[M]. Chicago：University of Chicago press，1980.

[94] LAKOFF G，NÚÑEZ R E. Where mathematics comes from：how the embodied mind brings mathematics into being[M]. New York：Basic Books，2000.

[95] LEVINSON S C. Frames of reference and Molyneux's question：crosslinguistic evidence[J]. Language and space，1996（1）：109，169.

[96] LEVINSON S C，KITA S，HAUN D B，et al. Returning the tables：language affects spatial reasoning[J]. Cognition，2002，84（2）:155–188.

[97] LINDEMANN O，ALIPOUR A，FISCHER M H. Finger counting habits in middle eastern and western individuals：an online survey[J]. Journal of cross–cultural psychology，2011，42（4）：566–578.

[98] LINDEMANN O，ABOLAFIA J M，PRATT J，et al. Coding strategies in number space：memory requirements influence spatial–numerical associations[J]. The quarterly journal of experimental psychology,，2008，61（4）：515–524.

[99] LIU C，XIN Z，LIN C，et al. Children's mental representation when comparing fractions with common numerators[J]. Educational Psychology，2013，33（2）：175–191.

[100] LOETSCHER T，BOCKISCH C J，NICHOLLS M E，et al. Eye position predicts what number you have in mind[J]. Current biology，2010，20（6）：R264–R265.

[101] LOETSCHER T，SCHWARZ U，SCHUBIGER M，et al. Head turns bias the brain's internal random generator[J]. Current Biology，2008，18（2）：R60–R62.

[102] LOGAN G D. Spatial attention and the apprehension of spatial relations[J]. Journal of experimental psychology：human perception and performance，1994，20（5）：1015–1036.

[103] MARMOLEJO–RAMOS F，ELOSUA M R，YAMADA Y，et al. Appraisal of space words and allocation of emotion words in bodily space[J]. Plos one，2013，8（12）：81688.

[104] MOYER R S，LANDAUER T K. Time required for judgements of numerical inequality[J]. Nature，1967，215（5109）：1519–1520.

[105] NUERK H C，IVERSEN W，WILLMES K. Notational modulation of the snarc and the marc (linguistic markedness of response codes) effect[J]. Quarterly journal of experimental psychology A，2004，57（5）：835–863.

[106] NUERK H C，MOELLER K，KLEIN E，et al. Extending the mental number line–a review of multi–digit number processing[J]. Zeitschrift f ü r psychologie，2011，219（219）：3–22.

[107] NUERK H C，WOOD G，WILLMES K. The universal snarc effect：the association between number magnitude and space is amodal[J]. Experimental psychology，2005，52（3）：187–194.

[108] NÚÑEZ R E. No innate number line in the human brain[J]. Journal of cross–cultural psychology，2011，42（4）：651–668.

[109] NÚÑEZ R E，EDWARDS L D，FILIPEMATOS J O. Embodied cognition as grounding for situatedness and context in mathematics education[J]. Educational studies in mathematics，1999，39（1）：45–65.

[110] NÚÑEZ R，DOAN D，NIKOULINA A. Squeezing，striking，and vocalizing：is number representation fundamentally spatial?[J]. Cognition，2011，120（2）：225–235.

[111] OLDFIELD R C. The assessment and analysis of handedness：the edinburgh inventory[J]. Neuropsychologia，1971，9（1）：97–113.

[112] OLIVERI M，RAUSEI V，KOCH G，et al. Overestimation of numerical distances in the left side of space[J]. Neurology，2004，63（11）：2139–2141.

[113] OJEMANN G A. Brain organization for language form the prespective of electrical stimulation mapping[J]. Behavioral brain and science，1983，6（2）：189–206.

[114] PAIVIO A. Mental representations：a dual coding approach[M]. New York：Oxford University Press：1997.

[115] PECHER D，BOOT I. Numbers in space：differences between concrete and abstract situations[J]. Frontiers in Psychology，2011，2（4）：121.

[116] PERANI D，DEHAENE D，GRASSI F，et al. Brain processing of native and foreign languages[J]. Neuroreport，1996，7（15–17）：2439–2444.

[117] PERANI D，PAULESU E，GALLES N S，et al. The bilingual brain. proficiency and age of acquisition of the second language[J]. Brain a journal of neurology，1998，121（3）：1841–1852.

[118] PINHAS M，TZELGOV J，GANORSTERN D. Estimating linear effects in anova designs：the easy way[J]. Behavior research methods，2012，44（3）：788–794.

[119] PINEL P，PIAZZA M，BIHAN D L et al. Distributed and overlapping cerebral representations of number，size，and luminance during comparative judgments[J]. Neuron，2004，41（6）：983–993.

[120] PREVITALI P，HEVIA M D D，GIRELLI L. Placing order in space：the SNARC effect in serial learning[J]. Experimental brain research，2010，201（3）：599–605.

[121] PROCTOR R W，CHO Y S. Polarity correspondence：a general principle for performance of speeded binary classification tasks[J]. Psychological bulletin，2006，132（3）：416–442.

[122] PRPIC V，FUMAROLA A，TOMMASO D M，et al. Separate mechanisms for magnitude and order processing in the spatial–numerical association of response codes (snarc) effect：the strange case of musical note values[J]. Journal of experimental psychology：human perception performance，2016，42（8）：1241–1251.

[123] REYNVOET B，BRYSBAERT M. Single-digit and two-digit arabic numerals address the same semantic number line[J]. Cognition，1999，72（2）：191–201.

[124] RESTLE F. Speed of adding and comparing numbers[J]. Journal of experimental psychology，1970，83（2）：274–278.

[125] RIELLO M，RUSCONI E. Unimanual snarc effect：hand matters[J]. Frontiers in psychology，2011，2（2）：372.

[126] RISTIC J，WRIGHT A，KINGSTONE A. The number line effect reflects top–down control[J]. Psychonomic bulletin review，2006，13（5）：862–868.

[127] RUSCONI E，BUETI D，WALSH V，et al. Contribution of frontal cortex to the spatial representation of number[J]. Cortex，2011，47（1）：2–13.

[128] RUSCONI E，VERBRUGGEN F，DERVINIS M，et al. Temporal and functional specification of right parieto–frontal contribution to number space processing[J]. Clinical neurophysiology，2011（122）：29.

[129] SAGIV N，SIMNER J，COLLINS J，et al. What is the relationship between synaesthesia and visuo–spatial number forms?[J]. Cognition，2006，101（1）：114–128.

[130] SANDRINI M，RUSCONI E. A brain for numbers[J]. Cortex，2009，45（7）：796–803.

[131] SANDRINI M，UMILTÀ C，RUSCONI E. The use of transcranial magnetic stimulation in cognitive neuroscience：a new synthesis of methodological issues[J]. Neuroscience biobehavioral reviews，2011，35（3）：516–536.

[132] SANTENS S，GEVERS W. The SNARC effect does not imply a mental number line[J]. Cognition，2008，108（1）：263–270.

[133] SANTIAGO J，LAKENS D. Can conceptual congruency effects between number，time，and space be accounted for by polarity correspondence?[J]. Acta psychologica，2015（156）：179–191.

[134] SCHWARZ W，KEUS I M. Moving the eyes along the mental number line：comparing snarc effects with saccadic and manual responses[J]. Attention，perception，psychophysics，2004，66（4）：651–664.

[135] SCHWARZ W, MÜLLER D. Spatial associations in number-related task: a compari-son of manual and pedal responses[J]. Experimental psychology, 2006, 53(1): 4-15.

[136] SHAKI S, FISCHER M H. Multiple spatial mappings in numerical cognition[J]. Journal of experimental psychology: human perception and performance, 2012, 38(3): 804-809.

[137] SHAKI S, FISCHER M H. Reading space into numbers—a cross-linguistic comparison of the SNARC effect[J]. Cognition, 2008, 108(2): 590-599.

[138] SHAKI S, FISCHER M H. Random walks on the mental number line[J]. Experimental brain research, 2014, 232(1): 43-49.

[139] SHAKI S, FISCHER M H, Petrusic W M. Reading habits for both words and numbers contribute to the SNARC effect[J]. Psychonomic bulletin review, 2009, 16(2): 328-331.

[140] SHAKI S, GEVERS W. Cultural characteristics dissociate magnitude and ordinal information proces-sing[J]. Journal of cross-cultural psychology, 2011, 42(4): 639-650.

[141] SHAKI S, PETRUSIC W M. On the mental representation of negative numbers: context-dependent snarc effects with comparative judgments[J]. Psychonomic bulletin review, 2005, 12(5): 931-937.

[142] SHAKI S, PETRUSIC W M, LETH-STEENSEN C. SNARC effects with numerical and non-numerical symbolic comparative judgments: instructional and cultural dependencies[J]. Journal of experimental psychology human perception performance, 2012, 38(2): 515-530.

[143] SIEGLER R S, BOOTH J L. Development of numerical estimation in young children[J]. Child development, 2004, 75(2): 428-444.

[144] SIEGLER R S, OPFER J E. The development of numerical estimation: evidence for multiple representations of numerical quantity[J]. Psychological science, 2003, 14(3): 237-243.

[145] SPELKE E S, TSIVKIN S. Language and number: a bilingual training study[J]. Cognition, 2001, 78(1): 45-88.

[146] SUITNER C，MAASS A，BETTINSOLI M L，et al. Left-handers'struggle in a rightward wor (l) d：the relation between horizontal spatial bias and effort in directed movements[J]. Laterality：asymmetries of body，brain and cognition，2017，22(1)：60-89.

[147] TAN S，DIXON P. Repetition and the snarc effect with one- and two-digit numbers[J]. Canadian journal of experimental psychology，2011，65（2）：84-97.

[148] TANG Y，ZHANG W，CHEN K，et al. Arithmetic processing in the brain shaped by cultures[J]. Proceedings of the national academy of sciences of the united states of america，2006，103（28）：10775-10780.

[149] THOMPSON C A，SIEGLER R S. Linear numerical-magnitude representations aid children's memory for numbers[J]. Psychological science，2010，21（21）：12740-1281.

[150] TZELGOV J，ZOHARSHAI B，NUERK H C. On defining quantifying and measuring the snarc effect[J]. Frontiers in psychology，2013，4（2）：302.

[151] UMILTÀ C，PRIFTIS K，ZORZI M. The spatial representation of numbers：evidence from neglect and pseudoneglect[J]. Experimental brain research，2009，192（3）：561-569.

[152] VAN GALEN M S，REITSMA P. Developing access to number magnitude：a study of the SNARC effect in 7-to 9-year-olds[J]. Journal of experimental child psychology，2008，101（2）：99-113.

[153] VAN DIJCK J P，GEVERS W，LAFOSSE C，et al. The heterogeneous nature of number-space interactions[J]. Frontiers human neuroscience，2012，5（2）：182.

[154] VUILLEUMIER P，ORTIGUE S，BRUGGER P. The number space and neglect [J]. Cortex，2004，40（2）：399-410.

[155] WEBER-FOX C M，NEVILLE H J. Maturational constraints on functional specializations for language processing：ERP and behavioral evidence in bilingual speakerst[J]. Journal of cognitive neuroscience，1996，8（3）：231-256.

[156] WOOD G，NUERK H，WILLMES K. Crossed hands and the snarc effect：afailure to replicate dehaene，bossini and giraux (1993) [J]. Cortex，2006，42（8）：1069-1079.

[157] WOOD G，WILLMES K，NUERK H C，et al. On the cognitive link between space and number：a meta–analysis of the SNARC effect[J]. Psychology science quarterly，2008，50（4）：489–525.

[158] YETKIN O，YETKIN F Z，ERRIN HAUGHTON V M，et al. Use of functional MR to map language in multilingual volunteers[J]. American journal of neuroradiology，1996，17（3）：473–477.

[159] ZEBIAN S. Linkages between number concepts，spatial thinking，and directionality of writing：the SNARC effect and the reverse SNARC effect in english and arabic monoliterates，biliterates，and illiterate arabic speakers[J]. Journal of cognition and culture，2005，5（1–2）：165–190.

[160] ZORZI M，PRIFTIS K，MENEGHELLO F，et al. The spatial representation of numerical and non–numerical sequences：evidence from neglect[J]. Neuropsyhologia，2006，44（7）：1061–1067.

[161] ZORZI M，PRIFTIS K，UMILTÀ C. Brain damage：neglect disrupts the mental number line[J]. Nature，2002，417（6885）：138–139.